面白くて眠れなくなる数学ＢＥＳＴ

カバーデザイン　高柳雅人
カバーイラスト　山下以登

# はじめに

『面白くて眠れなくなる数学』は『面白くて眠れなくなる数学』『超 面白くて眠れなくなる数学』『超・超面白くて眠れなくなる数学』『面白くて眠れなくなる数学プレミアム』と刊行されて、二〇万部を超えるベストセラーとなりました。『面白くて眠れなくなる数学』が刊行されたときにはここまでシリーズ化することは考えていませんでした。

今になって思えば、この四冊はすべて〝面白くて眠れなくなる数学〟なのです。本当に数学は面白く、眠れなくなる存在です。

筆者が行っている講演活動を「数学エンターテイメント」とよぶのは、それゆえに他なりません。数学ほどエキサイティングなものはなく、数学ほど役に立つものを筆者は知りません。古代ギリシャの数学者が考え出したこの数学という「知的エンターテイメント」は、古今東西の人々の心を動かし連綿と続き今日にいたります。無限に続く1，2，3，4，5，6，7，8，9，……という「数」。その中に隠れている法則は、私たちの心を虜《とりこ》にする魅力を持っているのです。その発見の創造は、数のごとく永遠に続いていくと思われます。まさに数学こそ、ネバーエンディングストーリーとよぶにふさわしい物語です。

その広大で深遠な世界のすべてを語ろうと挑戦しているのがサイエンスナビゲーターです。いつの日か『面白くて眠れなくなる数学』は『面白くて眠れなくなる数学　数より愛を込めて』『面白くて眠れなくなる数学　自然数心の旅路』『面白くて眠れなくなる数学　翔んでる複素数』『面白くて眠れなくなる数学　旅と女と関数』となるのかもしれません。

映画『男はつらいよ』寅さんシリーズのようです。寅さんの魅力は一つの作品で終わるはずもなかったのです。ここにシリーズ四冊のベスト版が刊行されることは、筆者にとって思ってもみなかった喜びです。

そもそもこのシリーズは一冊一冊それぞれが、数学本のベスト版のようなものです。

その中からさらに選りすぐりのストーリーが集まると、読者にとって一体どのような本になるのか筆者自身が楽しみです。

一大スペクタクル長編物語である数学は、それゆえに難解な物語となってしまいました。しかし、同時に数学は皆さんの想像以上に身近に潜んでいます。つまり、数学への入り口は皆さん一人一人のすぐそばにその門が開かれています。いや、本当の数学は皆さんの中にあるのです。

世界は数学でできています。ありとあらゆる学問、芸術、ものづくりの世界——いったいその世界がどれほど大きなものか、私たちはその全貌をまだ知りません。

本書が読者にとって、数学世界の大冒険への道案内となるならば筆者にとって望外の喜びです。

計算は旅

イコールというレールを数式という列車が走る

目次

編集協力：神保幸恵
本文デザイン＆イラスト：宇田川由美子

# 美しい文字のはなし

## 授業で教えてくれないこと

数学は言葉です。

学生のノートを眺めていて、いつも気がつくことがあります。

それは、数式で使われるギリシャ文字「β（ベータ）」を正しく書けない学生がとても多い、ということです。学生は「β」を書くつもりで、漢字の「こざとへん」や「おおざと」を書いてしまっているのです。

つまり、「阿部」君は二度間違ったベータを書いていることになります。毎年この「阿部」君に表れるベータを書く学生を見つけては、その間違いを指摘し続けています。いつの頃からか、この間違ったベータを「阿部君ベータ」略して「アベータ」とよぶようになりました。

学校では、どのように指導するのでしょうか。ギリシャ文字が登場する高校数学で「ギリシャ文字の綴《つづ》り方を解説する」という話を聞いたことがありません。私自身もこれまで学校で、数学の文字についての講義を受けたことがありません。

## 読めそうで読めないギリシャ文字

大学受験に登場するギリシャ文字は、数学では「$\alpha$」「$\beta$」「$\gamma$」「$\theta$」「$\pi$」「$\omega$」「$\Sigma$」などです。

ギリシャ文字は大文字・小文字あわせて全四八文字ありますが、その七分の一ほどが登場することになります。それまで習ったことのないギリシャ文字が数学の教科書に登場するのに何の説明もされないので、学生は板書をノートに写す際、どう書いたらよいのか戸惑いながら、見よう見まねでギリシャ文字を書くしかありません。こうして、「アベータ」が生まれていくのです。

それならばと、機会を見つけては、ギリシャ文字をはじめ数学特有の文字についてレクチャーをするようになりました。

◆数式でよく使われるギリシャ文字

| | | | |
|---|---|---|---|
| $\alpha$ アルファ | $\beta$ ベータ | $\gamma$ ガンマ | $\theta$ シータ |
| $\pi$ パイ | $\omega$ オメガ | $\Sigma$ シグマ | |

あなたは 全部 読めましたか？

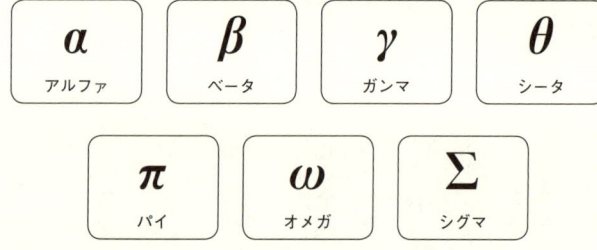

文字を書くことは学問の入り口です。文字を書く作業を通して新しい世界に入っていくのです。数学は、特に多くの文字を使う学問です。ローマ字、ギリシャ文字、アラビア数字、ローマ数字。それらは、大文字になり、小文字になり、斜体になり、太字体になり……。

それでも足りずにヘブライ文字まで登場します。加えて、各種数学記号と日本語。いったい数学にはどれだけの文字や記号が必要なのでしょう。

## リンゴやミカンが「$x$」になるふしぎ

数学は概念や対象を抽象化します。リンゴやミカンの個数を「$x$」などと表して「$x+y=z$」等の方程式を考えるのです。方程式を解くときには、リンゴもミカンも忘れて、文字や記号を操作していきます。すなわち、これが計算です。

計算の世界では文字や記号が主役です。計算する者は、文字や記号を通して見えない世界とコミュニケーションします。見えない世界とは、文字や記号が表す概念であり、その概念どうしの関係性のことです。

ピタゴラスの定理「$a^2+b^2=c^2$」は、幾何学の世界（直角三角形）の辺の長さの関係を表します。代数の世界と幾何の世界を橋渡しする公式なのです。

大学生のとき数論で「ゼータ（ζ）関数」に出会いました。授業中に一生懸命計算しますが、どうも気分がのりません。ζがうまく書けないのです。放課後の誰もいない教室の黒板に大きく「ζ」を書いてみました。

何度も書いているうちに、だんだんと上手に、なめらかに「ζ」が書けるようになりました。「ζ」を書くのが気持ちよくなると、面倒な計算も気分がのり、楽しくなりました。

## 美しい数学には美しい文字がよく似合う

文字を上手に書くことの重要性を実感しました。「書く喜び」に出会いました。同時に、もう一つ気がついたことがあります。

「美しい数学には美しい文字がよく似合う」ということです。ギリシャ文字にはなんともいえない曲線の美しさがあります。

ローマ字、ギリシャ文字は字画が少ないので書きやすいのです。ギリシャ文字の小文字の多くは、たった一画で書くことができます。曲線美と機能美という二つの美しさを併せ持った文字を、数学者は好んで使ってきたのでしょう。

また、数学には他の学問にない大きな特徴があります。それは、時代を超えた普遍性です。「ピタゴラスの定理」は今から二千五百年前に証明されましたが、二千五百年経った現在も古びることはありません。

それどころか、「ピタゴラスの定理」の上に、多くの定理がつくられてきました。ギリシャ文字は、ピタゴラスも使った文字。私たちはギリシャ文字を通して、ピタゴラスに出会っているのです。これも「書く喜び」の発見ですね。

## ギリシャ文字でも筆順が大事

日本人は小さい頃から書道を通して、日本語を書く喜びと文字の美しさを知ります。そして、なぜ筆順が大事なのかを理解していきます。

日本語と同様に、ギリシャ文字も筆順を守ると美しい形になります。例えば、「$\beta$」

◆正しい筆順で書いてみよう！

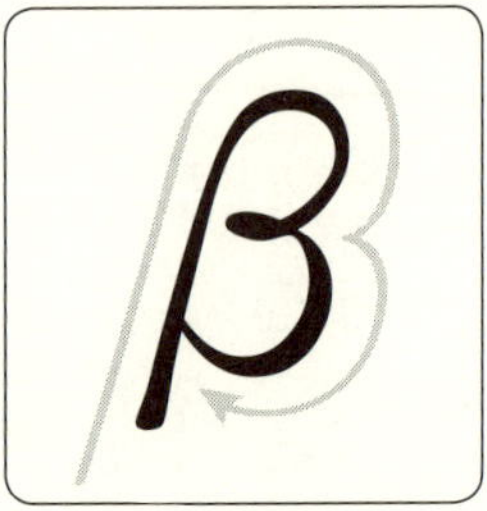

矢印を参考に文字をなぞってみよう

は左下から上に一筆書きで書くと、とても優美な姿になります。学生にギリシャ文字の綴り方を教えながらいいます。
「心を込めて文字を書きなさい。心を込めて計算しなさい。願わくば美しい文字で」と。

文字を大切にする心は、言葉を自らのものにする第一歩です。数学も言葉であるならば文字を大切にすべきではないでしょうか。

## ◆ギリシャ文字の一覧

| 大文字 | 小文字 | 読み方 | 英語の綴り |
|---|---|---|---|
| Α | $\alpha$ | アルファ | alpha |
| Β | $\beta$ | ベータ | beta |
| Γ | $\gamma$ | ガンマ | gamma |
| Δ | $\delta$ | デルタ | delta |
| Ε | $\varepsilon$ | イプシロン | epsilon |
| Ζ | $\zeta$ | ゼータ | zeta |
| Η | $\eta$ | イータ | eta |
| Θ | $\theta$ | シータ | theta |
| Ι | $\iota$ | イオタ | iota |
| Κ | $\kappa$ | カッパ | kappa |
| Λ | $\lambda$ | ラムダ | lambda |
| Μ | $\mu$ | ミュー | mu |
| Ν | $\nu$ | ニュー | nu |
| Ξ | $\xi$ | クシィ | xi |
| Ο | $o$ | オミクロン | omicron |
| Π | $\pi$ | パイ | pi |
| Ρ | $\rho$ | ロー | rho |
| Σ | $\sigma$ | シグマ | sigma |
| Τ | $\tau$ | タウ | tau |
| Υ | $\upsilon$ | ウプシロン | upsilon |
| Φ | $\phi$ | フィー | phi |
| Χ | $\chi$ | カイ | chi |
| Ψ | $\psi$ | プサイ | psi |
| Ω | $\omega$ | オメガ | omega |

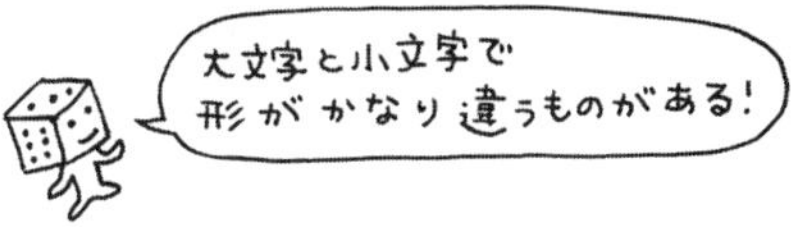
大文字と小文字で
形がかなり違うものがある！

# 読めそうで読めない数式

## この数式が読めますか？

皆さんは、数式をスラスラと読めますか？
私自身、読み方を知らない数式に出会い、戸惑うことが何度もありました。日本語による数式の発音は、あまりにも不備が多いのです。そのことが、多くの人を数学から遠ざける原因の一つになっています。具体例とともに問題点を見ていきましょう。

**【問題だらけの数式の読み方①】**

▼数式　「$x + y = z$」

▼日本の一般的な読み方　「**エックス、プラス、ワイ、イコール、ゼット**」

▼英語の読み方　「**x plus y equals z.**」

日本語として意味をわかりやすく発音するなら「エックス、たす、ワイ、は、ゼット」ですね。英語では、「エックス、プラス、ワイ、イコールズ、ゼット」となりますが、日本の数学の教科書は、数式の読み方を指導することがないので、教師の独断に委《ゆだ》ねられているのが実態です。

次はもっと簡単な例です。

**【問題だらけの数式の読み方②】**

▼数式　「$a = b$」

▼日本の一般的な読み方　「**エー、イコール、ビー**」

▼英語の読み方　「**a equals b.**」「**a is equal to b.**」

英語の二番目の読みに注目してください。主語である「$a$」が、「$b$」と等しいという関係性を「to」が示しています。左辺（「$a$」）と右辺（「$b$」）の違いが、はっきりと表されています。日本の読み方では、その関係性があいまいになっていますね。

**【問題だらけの数式の読み方③】**

▼数式　「$y' = \frac{dy}{dx}$」

▼日本の一般的な読み方「**ワイダッシュ、イコール、ディーエックス、ぶんの、ディーワイ**」

▼英語の読み方「**y prime equals dy dx.**」

日本の読み方は、イコールの発音以外に間違いがあります。「'」を「ダッシュ」と読むのは適切ではありません。多くの国々では「prime（プライム）」と読まれています。ダッシュは、日本でもそう読まれるように、国際的には記号「—」が常識です。

「"」は「ツーダッシュ」ではなく「double prime（ダブル　プライム）」です。

日本では、微分の数式を「分数の読み方」にするから混乱が起きてしまいます。

**【問題だらけの数式の読み方④】**
▼数式　「${}_nC_r$」
▼日本の一般的な読み方　「**エヌ、シー、アール**」
▼英語の読み方　「**the combinations of n taken r**」「**the combinations n r**」

これは、組み合わせを表す式ですが、日本の読み方は中途半端です。「$C$」が何を示しているのか伝わりません。英語では「$C$」が「combination」（組み合わせ）の略であることが、はっきりとわかります。どうして日本では略してしまうのでしょうか。

このことからも「非日本語」の記号の発音のルールが、定められていないことがわかります。英語と日本語をごちゃ混ぜにして、不正確に読んでしまっているのです。

**【問題だらけの数式の読み方⑤】**

▼数式　「$A_k$」

▼日本の一般的な読み方　「**エー、ケー**」

▼英語の読み方　「**Capital A sub k**」

日本の読み方「エー、ケー」はあまりにも不正確です。添え字「$k$」がそのまま読まれています。音を聞くと、「$ak$」「$AK$」「$A(k)$」「$a_k$」「$A_k$」と対応するさまざまな日本語が思い浮かびます。これでは混乱の原因になりますね。英語読みは書き方に正確に一致しています。

**【問題だらけの数式の読み方⑥】**

▼数式　「$a > b$」

▼日本の一般的な読み方「**エー、大なり、ビー**」「**エーはビーよりも大きい**」
▼英語の読み方「**a is greater than b.**」

授業でもっとも学生が読めない数文です。「大なり」という日本語もイマイチです。
次の例に至ってはいかに数文の読み方を習っていないかを示すいい例です。

**【問題だらけの数式の読み方⑦】**
▼数式「$a \leqq b$」
▼日本の一般的な読み方「**エー、小なり、イコール、ビー**」
▼英語の読み方「**a is less than or equal to b.**」

これこそ英語読みの良さがわかります。
「less than」は、記号「≦」の「<」が「less than→よりも少ない」という意味を持ち、

「equal」は、記号「≦」の「＝」が「equal→等しい」という意味を持っていること、つまり「$a$は$b$と等しいか、あるいは少ない」という関係性を示した記号であることを教えてくれます。

「≦」が「＜または＝」であることを、指摘されてはじめて理解する高校生が多かったのは、読み方に問題があったからかもしれません。

**【問題だらけの数式の読み方⑧】**

▼数式
**「$a \in A$」**

▼日本の一般的な読み方
**「エーはエーの元（要素）である」「エーは集合エーに属す」**

▼英語の読み方
**「The element a is a member of the set A.」**
**「a is an element of the set A.」**
**「a is a member of A.」**
**「a is in A.」**

この数式をすんなりと読めた学生に、これまで一度も出会ったことがありません。数式を読ませると、ほぼ全員がフリーズします。この四つの英文を読んでもらえるとわかりますが、数文「$a \in A$」が何を意味しているのかが、英語ではわかりやすく示されています。「a is in A.」など、とても簡単な表現です。

ご覧のように、日本でも中学程度の英単語と文法の知識があれば、数式を英語で読むことは難しくありません。

**【問題だらけの数式の読み方⑨】**

▼数式　「$f(x)$」

▼日本の一般的な読み方「**エフ、エックス**」

▼英語の読み方　「**f of x**」

日本語では「$x$ の関数 $f$」といいますが、英語では「a function f of x」と読みます。

また、もう一つ大切なのは「語源」です。例えば、虚数「$i$」は「imaginary number」の「i」、「$tan\ x$」は、「タンジェント」と読みますが、綴りは「tangent」、意味は「接線」であることを知らない日本の学生が多いのです。

数学の言葉の多くは、英単語の頭文字を使っています。ですから、英単語の綴りと読み方をセットで覚えれば、数式の意味が自然とわかるようになるはずです。

## 声に出して読みたい数式

以上、いかがでしょうか。例を挙げればきりがありません。今こそ、正確さを欠いた「日本語による数式の読み方」を改めて、思いきって数学の中に英語を取り入れるべきです。

日本語を土台に数学を教えるのか。

英語を土台に数学を教えるのか。

それが問われています。

中途半端な日本語発音をするよりは、中学生から数式を英語発音すべきではないでしょうか。けっして誤解してほしくないのですが、「英語学習のために数学を使う」ことが目的ではありません。あくまでも数学の理解を深めるために英語読みを徹底すべきというのが、私の主張です。

現在、教科書の数式は「絵」として扱われています。それが、「絵だから読めなくていい」という発想につながっていると思われます。そうではなくて、数式を文章として、読み物として扱うという視点の転換が必要だということです。

「読めること」は「わかること」につながっていきます。

難しい日本語でも、幼いときに声に出して読んだように、数式も、数学読本のようなものをつくって大きな声で読ませるのです。中身はわからなくてもいい。スラスラ読めるまで練習するのです。

スラスラ読めるようになると、「数学は言葉」であることがわかり、苦手意識がなくなります。また、その達成感が、数学を好きになるステップとなります。

# おならの匂いは半分でもやっぱり臭い？

**嫌な匂いを減らしても……**

私たちは、感覚をたよりに日々生活しています。五感といえば、視覚、聴覚、味覚、嗅覚、触覚です。実はこの感覚の中には、法則があるのです。例えば「匂い」の場合を考えてみましょう。

閉め切った部屋の嫌な匂いや、おならの匂いを消臭剤や空気清浄機で半分まで減らしたとします。ところが私たちは「あぁ、半分の匂いになった」とは感じません。「ほとんど変わっていない」「やっぱり匂う」と感じます。実は「半分になった」と感じるためには、匂いの九〇％を除去しなければならないのです。

「音」もそうです。私たちは虫の音とコンサートの大音量を同じように聞く（感じる）ことができます。これはよく考えると面白いことです。

## ◆フェヒナーは人間の感覚を数式化した！

### ウェーバー＝フェヒナーの法則

***R***を感覚の強さ、***S***を刺激の強さとすると、

$$R = k \log \frac{S}{S_0}$$

$S_0$は感覚の強さが0になる刺激の強さ（閾値《いき》）
$k$は刺激固有の定数（感覚ごとに異なる値）

もし人間が、音量の絶対値を感じとることができるとすると、虫の音は小さい音量なので感じ方も小さく、コンサートの大音量であれば感じ方も大きいことになります。でもそうではありません。

私たちは、小さい音も大きい音も同じように感じることができます。音の大小にかかわらず感じ方（感覚）は同じなのです。

一〇のエネルギーを持つ音があるとき、何倍にすれば人間は音の大きさ（感覚）が倍になったと感じるでしょうか。

普通に考えると「倍だから、エネルギー量は二〇では？」と考えるでしょう。けれど人間の耳はそんなに鋭くありません。「二倍に

なった」と感じさせるには、実際には一〇倍の音の大きさにしなくてはなりません。「一〇」の音が「一〇〇」になって、ようやく「二倍」と感じます。

四倍になったと感じさせるためには、「10×10」で、実に一〇〇倍のエネルギーが必要になります。

## 人間の感覚は定量化できる

いってみれば、人間の感覚は足し算でなく、かけ算で感じていることがわかったのです。これが一八六〇年の「ウェーバー＝フェヒナーの法則」です。

「感覚の強さ$R$は刺激の強さ$S$の対数に比例する」。これは「精神物理学」といわれる学問の発端となった発表でした。

「精神物理学」は、心理学者ウェーバーが「心理学の世界を定量化できないか？」と考えたことから始まりました。人の感覚というのは、とても主観的なものです。

しかし何もかも「主観だ」といっていては学問になりません。それでは芸術の世界になってしまいます。心理学者ウェーバーは、こうした目に見えない人の気持ちや感覚を定量化するためにさまざまな研究を一八四〇年代に行いました。

そして一八六〇年に、物理学者フェヒナーが数式化に成功したのです。心理学発祥でありながら、「精神物理学」の法則といわれるゆえんでもあります。

つまり、私たち人間の感覚は、けっしていい加減なものではないということです。定量化できるということです。

激しく変化する環境、つまり刺激を「ウェーバー＝フェヒナーの法則」によって実にうまく、そして正確に感じとっているのです。

# クレジットカードの会員番号のひみつ

## 会員番号には法則がある

クレジットカードの会員番号は一六桁です。インターネットで買い物をするとき、便利を感じる一方で心配もあります。

気がかりなのは、誤ってこの一六桁の番号を入力してしまったときのことです。うっかり別の番号を入力してしまった場合、誰か別の人が買い物をしたことになってしまうのでしょうか？

もちろん一六桁のすべての数をいじってしまえば、別の人の番号になる可能性はありますが、ここでは会員番号を一つミス入力をしてしまった場合を問題にしたいと思います。

実は、ある仕掛けによりクレジットカード番号は決められているのです。

皆さんに与えられている会員番号はまったくのランダムに考えられたものではありません。ある手続きのもとに生成された「正当な番号」なのです。

そのため、入力された番号が「正当な番号」かどうかの判定を行うことができるのです。それが「Luhn のアルゴリズム」とよばれる判定方法です。

## 会員番号をミス入力すると……？

具体的に計算してこの手順を追ってみましょう。一六桁では大変なので、簡単に会員番号を四桁だとしてみます。例えば、会員番号「3491」が入力された場合、一の位から数えて偶数番目の9と3がそれぞれ二倍されて18と6となります。

18は10以上なので「1＋8＝9」に置き換えます。すると、すべての桁の合計は、「6＋4＋9＋1＝20」となり、これは10で割り切れるので「正当な番号」と判定されるのです。

ここでもし、四桁のうちどれか一桁の数がミス入力されたとします。例えば、「3481」ではどうなるでしょうか。「6＋4＋7＋1＝18」となって10で割り切れな

### ◆会員番号の裏にあるLuhnのアルゴリズム

**ステップ1**

一の位から数えて奇数番目の数はそのままにして、偶数番目の数を2倍にします。

**３４９１の場合**

3と9を取り出す

3 → 6

9 → 18

▼

**ステップ2**

2倍にした偶数番目の数が10以上の場合は、その各桁を足した数（1桁）に置き換えます。

18は10以上なので

18 → 1 + 8 = 9

▼

**ステップ3**

このようにして得られたすべての桁の数を足します。

すべての数を足す

6 + 4 + 9 + 1 = 20

▼

**ステップ4**

その合計が10で割り切れれば「正当な番号」。そうでなければ「不当な番号」と判定されます。

20は10で割り切れるので

**正当な番号！**

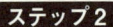

### ◆正当な番号を判定するための一桁の変換

0 × 2 → 0
1 × 2 → 2
2 × 2 → 4
3 × 2 → 6
4 × 2 → 8
5 × 2 → 10 → 1 + 0 → 1
6 × 2 → 12 → 1 + 2 → 3
7 × 2 → 14 → 1 + 4 → 5
8 × 2 → 16 → 1 + 6 → 7
9 × 2 → 18 → 1 + 8 → 9

くなります。つまり「不当な番号」と判定されます。どの桁でミス入力されたとしても、このような手続きで「不当な番号」と判定されるのです。

入力ミスが検出できるのは、ステップ1とステップ2で行われる一桁の数の変換が上の図のようになっているからです。

「0から9まで」の一〇個の数は、それぞれ異なる一〇個の数に変換されています。

その結果、入力を誤るとステップ3の合計の値がずれてしまうことになり、ステップ4で「不当な番号」と判定されるのです。

このようにカード番号は、絶妙のしくみで割り当てられ、チェック機能が働いているので、私たちは安心して買い物ができるのです。

# マンホールはなぜ丸い？

## マンホールにはπが隠れている

マンホールはなぜ丸いのでしょうか。何気ない風景にも理由があります。もしマンホールが四角形だと、どうなるでしょうか。

そうすると、対角線の長さの方が一辺より長いことになり、ちょっと蓋を回転させてしまうだけで、鉄の重い塊は穴の中に落ちてしまいます。とても危ないですね。

しかし、蓋の形が「円」であればどのように回転させてもけっして落ちることはありません。円の直径よりも長い部分はないからです。

これ以外にも、コロコロ転がしやすく工事中での移動に便利であることや、円は見た目に優しい印象を与えることなどもあるでしょう。機能的にもデザイン的にも適した形、円は私たちの生活の多くを支えてくれています。

## ◆マンホールの蓋はなぜ丸い？

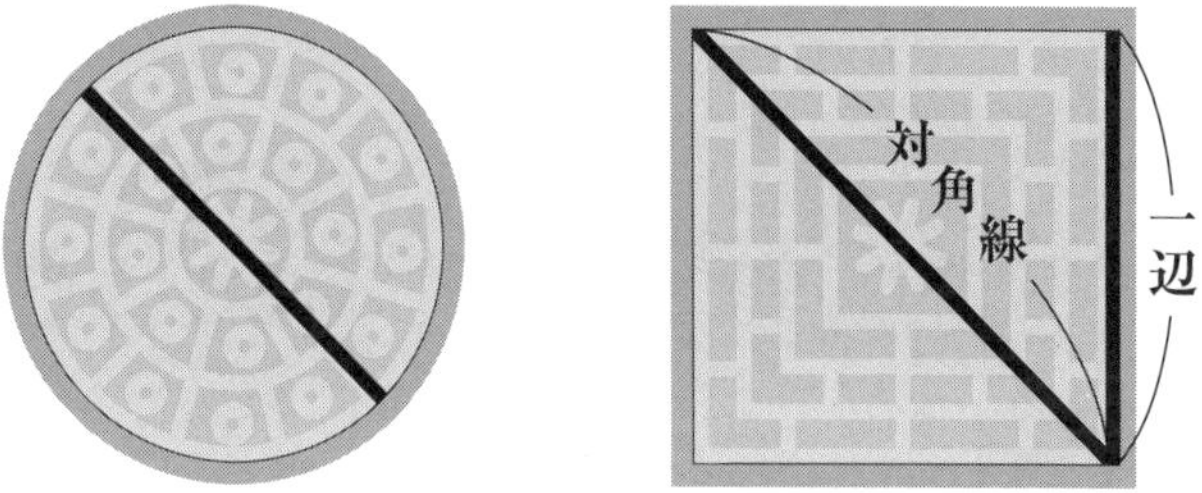
対角線
一辺

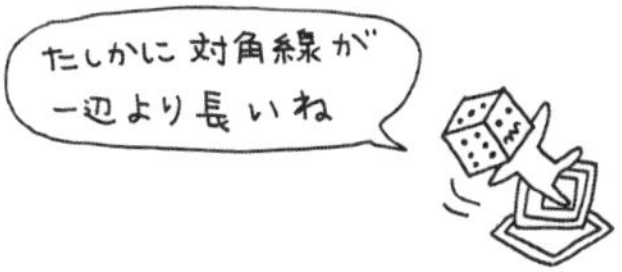
たしかに 対角線が
一辺より長いね

その「円」の中に隠れている数、それが「円周率$\pi$」です。円周率の定義は、円周の長さを直径で割った値です。すべての円、すなわちどんな直径の円であってもこの比の値は一定となります。形を測るという作業を通じて数を発見する人間の営みは、今から四千年前に始まりました。

皆さんも、手を動かしてみてください。紙コップ、定規、鉛筆、紙を用意します。これを用いて円周率$\pi$を求めてみましょう。例えば、私の手元にある紙コップの口周りの長さを測ってみると、約二一センチメートル、直径は約七センチメートルです。「$21 \div 7 = 3$」となり、円周率は約

3であることが確かめられます。

より大きなコップで長さを測れば、3・1くらいまでの値は得られます。しかし、紙コップの計測からは、私たちが教科書で習った円周率πの値である約3・14ですら求められないのです。

## 大切なものには「円」が隠れている

それではどのようにしてさらに正確な値を求めたらいいのでしょうか。計測ではなく「計算」によって円周率を求める方法が古来、世界中で考えられてきました。日本でも十八世紀の江戸時代、関孝和《せきたかかず》(一〇桁)、鎌田俊清(二五桁)、建部賢弘《たけべかたひろ》(四一桁)、松永良弼(五〇桁)といった和算家が競って円周率の計算に挑戦しました。

特に関孝和の優秀な弟子である建部賢弘の方法は、無限級数の考え方を使ったもので世界レベルで見て第一級の業績でした。当時の日本が数学大国だったことを示しています。

大切なものには「円」が隠れているのではないでしょうか。

地球や天体の運動、日本のお金、夫婦円満、円滑、……すべてに円は隠れているかのようです。西洋の数学と同様に、日本人も大切な円に対して飽くなき探求を続けてきたのです。

二〇〇二年に東京大学の金田グループは前人未踏の一兆桁超えを達成しました。「π＝3・14159265358979323846264338327９……」。

無限に続くその数の正体は未だ解明されていません。これからも人類は、円とともに生きて「円の謎の解明」の挑戦を続けていくことでしょう。

# ミステリアス・ナンバー12　数の歳時記

## 天才数学者と神秘の数

「12」の神秘に気づいた数学者ラマヌジャン。ラマヌジャン（一八八七〜一九二〇）は、インドが生んだ天才数学者です。「インドの魔術師」とよばれ、三十二年という短い生涯の中で、三二五四個の数学の公式を発見しました。

人並みはずれた計算力の持ち主で、数学の歴史にその名を刻むまでになったインドの天才は、「12」の力と出会います。

あるとき、ラマヌジャンを見出したケンブリッジ大学の数学者ハーディは病床のラマヌジャンに語ります。

「一七二九はつまらない数だ」

病床のラマヌジャンは跳ね起き、「ハーディ先生、一七二九は大変面白い数です」と

## ◆1729は面白い！

$$1729 = 10^3 + 9^3 = 12^3 + 1^3$$

反論します。「なぜ？」と問うハーディに対して、すかさず答えるラマヌジャン。

「一七二九は三乗数の二つの和として、二通りに表すことができる最小の数です」と。

たしかに、「10×10×10＝1000」、「9×9×9＝729」、「12×12×12＝1728」、「1×1×1＝1」なので上の等式は成り立ちます。「一七二九が最小である」と即座に判断できるラマヌジャンは、「スゴイ」の一言でしかありません。

ハーディは後に、伝記の中で「ラマヌジャンはすべての自然数と親友であった」と述べています。まさに絶妙な表現です。

いかにしてラマヌジャンは一七二九と友人になったので

## ◆ラマヌジャンが発見した公式

$$(6a^2-4ab+4b^2)^3+(3b^2+5ab-5a^2)^3$$
$$=(6b^2-4ab+4a^2)^3+(3a^2+5ab-5b^2)^3$$

$a=\frac{3}{\sqrt{7}}$、$b=\frac{4}{\sqrt{7}}$とすれば、

$10^3+9^3=12^3+1^3$が現れる！

しょうか。

ラマヌジャンは上図のような公式を発見しました。

これはどんな数$a$、$b$に対しても成り立つ恒等式とよばれるものです。確かにこの公式から「$10^3+9^3=12^3+1^3$」が現れます。

この公式から、ラマヌジャンは一七二九にまつわる興味深い性質を導き出したのでしょうか。その謎解きの鍵は、ラマヌジャンの業績の中で抜きんでて重要な「ラマヌジャンのゼータ関数」の中に見つけることができます。

難しい数式が続きますが、苦手な人はナナメ読みでも問題はありません。これから登場する数式から、その雰囲気だけでも感じてく

ださい。

このラマヌジャンのゼータ関数について、ラマヌジャンはある予想をつぶやきました。「ラマヌジャン予想」とよばれることになったその中身は困難を極め、その発見から六十年後の一九七四年、ドゥリーニュによって劇的に証明されます。

注目していただきたいのは次の式です。

ラマヌジャンのゼータ関数に登場するΔの式は、次頁の図のようになります。

ここに「12」が現れるのです。

さらにこのΔ（$z$）は次の関係式をみたします。

分母の「1728」こそ、先に見た「12×12×12」に他なりません。

二十世紀の数学を揺るがしたラマヌジャンの発見は「12」に支えられたものだったのです。

### ◆ラマヌジャンのゼータ関数とは……

$$\zeta(s) = \sum_{n=1}^{\infty} \frac{t(n)}{n^s}$$

で表される。ここに $t(n)$ とは、

$$\Delta(z) = q \prod_{n=1}^{\infty} (1 - q^n)^{24} = \sum_{n=1}^{\infty} t(n) q^n \ (q = e^{2\pi i z})$$

をみたす数列である。
ラマヌジャンはこの $t(n)$ をたくさん計算した。

$t(1) = 1,\ t(2) = -24, t(3) = 252,\ t(4) = -1472,$ ……,
$t(10) = -115920,$ ……

### ◆ラマヌジャンのΔ（デルタ）

$$\Delta\left(\frac{az+b}{cz+d}\right) = (cz+d)^{12}\,\Delta(z)$$

$$\Delta(z) = \frac{E_4(z)^3 - E_6(z)^2}{1728}$$

## ◆ラマヌジャンの手紙にも12があった

$$1+2+3+4+5+6+7+8+9+10+\cdots\cdots=-\frac{1}{12}$$

……そもそもラマヌジャンが、一九一三年一月十六日にケンブリッジ大学のハーディに送った最初の手紙の中にも「12」がありました。上の図を見てください。

ラマヌジャンのゼータ関数にまつわる計算結果（$\zeta(-1)$）を誇らしげにハーディに報告しています。十八世紀にオイラーが辿ったのと同じ旅路を二十世紀初頭、ラマヌジャンは歩いていました。

ゼータ関数とは足し算の延長線上にあるものです。「1＋2＋3＋4＋5＋6＋7＋8＋9＋10＝55」という足し算を、無限まで足し続けること、さらに実数から複素数に足し算する数の範囲を拡げることがそのポイントです。ラマヌジャンはその足し算の先に「12」を発見しました。

ハーディは病床のラマヌジャンに続けて尋ねました。

◆ラマヌジャンは「とても大きな数」を予測した

$$635318657 = 59^4 + 158^4 = 133^4 + 134^4$$

「ラマヌジャン、それでは四乗数でそうなる数は何だろうか」

しばらく考えてラマヌジャンは答えます。

「ハーディ先生、それはとても大きな数になります」

ラマヌジャンの読みは正解でした。後世のコンピュータにより、その答えは「635318657」とわかったのですから。

**ここにもあそこにも12**

音楽は「12」平均律。

日本の伝統衣装は「十二《じゆうに》」単衣《ひとえ》。

仏教の十二因縁は、人間が過去・現在・未来を流転する輪廻《りんね》の様子を説明した「12」の因果関係。

一ダースは「12」単位。

時計は「12」時間で一周り。

一年は「12」カ月。

星座や干支は「12」。

どれも「12」となっています。

ひとまとめになるところには、いつも「12」が現れる。もっとほかにも「12」があるに違いありません。

私たちは「12」の神秘に支えられ、包まれて、今ここに在るのです。

# 宝くじとカジノ、どちらが儲かる？

## カジノは危ないギャンブル？

カジノは、日本ではあまりいい印象がありません。たしかに、ラスベガスに代表されるカジノは日本のギャンブルに比べて大きなお金が動きます。

しかし、実際にカジノに行って体験してみると思ったような悪いイメージはありませんでした。それどころか、とても楽しい遊び・娯楽空間にさえ思われてくるのがふしぎです。

しかし、日本のギャンブルと日本にはないカジノでは、数学的に決定的な違いがあります。

それを数値で見ていくことにしましょう。

## ギャンブルの秘密を解き明かす

ギャンブルに興味がある人ならば、「期待値」「還元率」といった言葉を聞いたことがあるかもしれません。これは「ギャンブルで勝った場合にどれだけ払い戻されるか」を表す指標です。競馬などで用いる「オッズ」もこれにあたります。

ちなみに海外のカジノやブックメーカーといったギャンブルで用いられる「オッズ」と、日本での「オッズ」は意味が異なっています。

日本の「オッズ」は、「賭ける金と払戻金の倍率」のことをいいます。

例えば競馬で「サクライバクシンオーの単勝は一二〇円（一・二倍）」という場合は、「サクライバクシンオーがそのレースに勝った場合、一〇〇円の馬券が一二〇円で換金できる（一・二倍になる）」という意味です。

しかし、海外のオッズは確率をもとに計算される数値のことなのです。

勝つ確率を「$p$」とすると、負ける確率は「$1-p$」です。これらの割合、すなわち「負ける確率分の勝つ確率＝$\frac{p}{1-p}$」をオッズ（以下、オッズはすべて海外の場合を意味します）といいます。

簡単にいうと、

「オッズが0・1ならば、賭け金1に対して、勝った場合の儲け分が$\frac{1}{0.1}=10$、つまり賭け金1に対して払戻金は1＋10の11」になります。これは、日本でいうところの「倍率11倍」ということです。続いて見ていきましょう。

オッズが「0・25」ならば、儲け分が「$\frac{1}{0.25}=4$」。よって「倍率5倍」。

オッズが「1」ならば、儲け分が「$\frac{1}{1}=1$」、「倍率2倍」。

オッズが「2」ならば、儲け分が「$\frac{1}{2}=0・5$」、「倍率 1・5倍」。

オッズが「4」ならば、儲け分が「$\frac{1}{4}=0・25$」、「倍率1・25倍」。

このように、オッズが「1」より小さければ小さいほど「儲け分が大きくなる」ことがわかりますね。

## 宝くじが当たる確率は？

さて「期待値」とは、この確率から計算される数値です。

「宝くじの賞金の期待値＝当たる確率×賞金」で表されます。

宝くじの場合、等ごとに当たる本数（確率）と賞金が決まっています。「期待値」は、これらのすべての等ごとの「当たる確率×賞金の和」として求められることになるわけです。

それでは、次頁を見ながら、実際の宝くじの券を手元において「期待値」を計算してみましょう。当せん金×本数の合計を、発行された宝くじの枚数で割った値が「期待値」となります。この計算から「なぜ日本でカジノが実現しないのか」の理由が見えてきます。

二〇一〇年の年末ジャンボ宝くじの「期待値」は一四二・九九円であることがわかりました。これは一枚三〇〇円の宝くじの期待値となります。

これを「一〇〇円あたり」に換算すると「四七・六六円」となります。この割合で表した「四七・六六％」を「還元率」といいます。

つまり、「一〇〇円に対して四七・六六円が賞金として払い戻される」ということです。「期待値」も「還元率」も実質どれだけ払い戻されるかを表す指標ということです。

## ◆日本の宝くじを徹底分析！

平成22年（2010年）年末ジャンボ宝くじ（第596回全国自治宝くじ）より

| 等級 | 当せん金 | 本数（74ユニット） | 1ユニット（1000万枚） | 当せん金×本数（1ユニット） |
|---|---|---|---|---|
| 1等 | 200,000,000円 | 74本 | 1本 | 200,000,000円 |
| 1等の前後賞 | 50,000,000円 | 148本 | 2本 | 100,000,000円 |
| 1等の組違い賞 | 100,000円 | 7,326本 | 99本 | 9,900,000円 |
| 2等 | 100,000,000円 | 370本 | 5本 | 500,000,000円 |
| 3等 | 1,000,000円 | 7,400本 | 100本 | 100,000,000円 |
| 4等 | 10,000円 | 740,000本 | 10,000本 | 100,000,000円 |
| 5等 | 3,000円 | 2,220,000本 | 30,000本 | 90,000,000円 |
| 6等 | 300円 | 74,000,000本 | 1,000,000本 | 300,000,000円 |
| 年忘ラッキー賞 | 30,000円 | 74,000本 | 1,000本 | 30,000,000円 |
| | | | 合計金額 | 1,429,900,000円 |

これより、

**期待値**＝1,429,900,000円÷10,000,000＝142.99円

## どのギャンブルが儲かるの？

ちなみに「期待値」にはお金の単位である円がつきますが、「還元率」には単位はつきません。

これだけを見ていると判断ができないので、さまざまなギャンブルの「還元率」を比べてみましょう。

次頁の表を見ればわかると思いますが、日本のギャンブルの還元率はカジノ（ルーレット、スロットマシン、バカラ）と比べて小さいことがわかります。

宝くじと競馬、競輪など日本の公営ギャンブルの還元率が低いのは、当せん金支払い分と事務経費を差し引いた残りである収益金が、発売元の県や市の収入になるからです。

これが公営ギャンブルの存在理由になるわけですが、逆にいえばカジノができにくい原因にもなっています。

◆ギャンブルの還元率一覧

| ギャンブル | 還元率 |
| --- | --- |
| 日本の宝くじ | 45.7％ |
| 競馬、競輪 | 74.8％ |
| パチンコ、パチスロ | 60％～90％（公表データなし） |
| ルーレット | 94.74％ |
| スロットマシン | 95.8％ |
| バカラ（プレーヤー） | 98.64％ |
| バカラ（バンカー） | 98.83％ |

## 大きく儲ける？ 小さく儲ける？

カジノの特徴は、九〇％以上という数値を見てもわかるように「還元率が非常に高い」ことです。これにより、少ない軍資金でも長い時間遊ぶことができるようになるのです。

還元率が一〇〇％より少しでも小さければ、胴元はその差額が必ず「儲け」となります。

大きなお金で短く遊ぶことはもちろん、小さいお金で長く遊ぶことも可能なのがカジノです。カジノの高還元率は、非常に合理的であることがわかりますね。

ですから、もし日本に民間のカジノができてしまうと、今ある公営ギャンブル、パチンコ、パチスロが大打撃を受けることは火を見るよりも明らかです。
日本にいずれカジノができるのかどうかはわかりません。私は、カジノやギャンブルを薦めているわけではありませんが、数学的に見ると、「ハイリスクな公営ギャンブル」に対して、「小さいお金でも長く安心して楽しめるカジノ」という比較をすることはできます。

皆さんは、どう考えますか？

還元率に注目することが
楽しく遊ぶコツだね

## ギャンブル必勝法！　ただし…

### ギャンブルに必勝法があった？

ギャンブルにはウマイ必勝法はありません。しかし、「条件つき」ならば、必勝法があります。

その一つが「マーチンゲイル法」です。これは、「勝った場合にオッズ（賭けた金が何倍になって払い戻されるかという払戻金の倍率）が二倍以上になるギャンブル」にこの方法を用いると必ず儲けることができるという必勝法です。

まずは、基本的なしくみを理解するところから始めましょう。

### 必勝法のしくみはシンプル

内容をわかりやすくするために、賭け金が常に二倍になるギャンブルを考えてみます。

最初に一〇〇円を賭けて、ギャンブルを始めたとします。すると、勝った場合の配当金は二倍の二〇〇円なので、差し引き一〇〇円の儲けになりますね。

ここで負けた場合、次は二倍の二〇〇円を賭けます。これに勝てば配当金は二倍の四〇〇円なので、「400−(100+200)=100(円)」の儲けになります。

さらに負けたならば、次は二倍の四〇〇円を賭けます。これに勝てば配当金は二倍の八〇〇円なので、「800−(100+200+400)=100(円)」の儲けになります。

ここでも負けたら、次は二倍の八〇〇円を賭けます。これに勝てば配当金は二倍の一六〇〇円なので、「1600−(100+200+400+800)=100(円)」の儲けになります。

なおかつ負けたら、次は二倍の一六〇〇円を賭けます。これに勝てば配当金は二倍の三二〇〇円なので、「3200−(100+200+400+800+1600)=100(円)」の儲けになります。

それでも負けたら、次は二倍の三二〇〇円を賭けます。これに勝てば配当金は二倍の六四〇〇円なので、「6400－（100＋200＋400＋800＋1600＋3200）＝100（円）」の儲けになります。

もう、おわかりですね。

つまり、「負けたら二倍の金額を賭けて、勝つまで続ける」というだけなのです。どこで勝っても、必ず最初の賭け金と同額の一〇〇円が儲かります。

つまり、「マーチンゲイル法」とは倍々法のことです。そして、勝った後でさらにギャンブルを続ける場合には、もう一度はじめからこの方法をやり直すようにして儲け分には手をつけないようにするのです。

## 必勝法をシミュレーション！

それでは、これを実際に試してみましょう。

「マーチンゲイル法」のしくみから明らかにわかることは、負け続けた場合にはどんどん賭け金が必要になるので、はじめに準備する軍資金が重要になるということです。

先程のゲームで、さらに負け続けた場合にどれだけ軍資金が必要なのか――すなわち、どれだけ負けるかを計算してみます。

一回負ける　一〇〇＋二〇〇＝三〇〇（円）
二回負ける　一〇〇＋二〇〇＋四〇〇＝七〇〇（円）
三回負ける　一〇〇＋二〇〇＋四〇〇＋八〇〇＝一五〇〇（円）
⋮
八回負ける　五万一一〇〇（円）
九回負ける　一〇万二三〇〇（円）
一〇回負ける　二〇万四七〇〇（円）
$n$回負ける　$(2^{(n+1)}-1)\times$一〇〇（円）

これを表にして考えると、次頁のようになります。

ということは、もし軍資金を一〇万円用意して、すべてを「マーチンゲイル法」で賭けた場合には、八回連続負けてしまうと、賭け金合計が五万一一〇〇円となり、九回目の賭け金五万一二〇〇円は払えなくなってしまうので、ここでギブアップ。

◆マーチンゲイル法で賭け続けると……

| | 賭け金 | 賭け金合計 |
|---|---|---|
| 1回目 | 100円 | 100円 |
| 2回目（1回負け） | 200円 | 300円 |
| 3回目（2回負け） | 400円 | 700円 |
| 4回目（3回負け） | 800円 | 1,500円 |
| 5回目（4回負け） | 1,600円 | 3,100円 |
| 6回目（5回負け） | 3,200円 | 6,300円 |
| 7回目（6回負け） | 6,400円 | 12,700円 |
| 8回目（7回負け） | 12,800円 | 25,500円 |
| 9回目（8回負け） | 25,600円 | 51,100円 |
| 10回目（9回負け） | 51,200円 | 102,300円 |
| 11回目（10回負け） | 102,400円 | 204,700円 |

五万一一〇〇円の損となります。

このように、当然のことですが、はじめの軍資金が潤沢であればあるほど勝負できる回数は増え、逆に少なければ勝負できる回数は減っていきます。

さて、ここまで計算してみてわかることは、たとえ大きな軍資金を用意したとしても「はじめの賭け金から一〇〇円しか儲からない」ということです。

軍資金一〇万円を用意して儲けが一〇〇円では、とうてい魅力ある必勝法とはいえません。

ところが、実際のギャンブルのオッズは常に二倍ということはなく、種類によって二倍以下から、何十倍、何百倍まで変動します。

つまり、勝ったときのオッズが二倍ではなく一〇倍だとしたら、儲けは一〇〇円ではすまない大きな額になるということです。

例えば先の例で五回目に一六〇〇円を賭けてオッズが一〇倍だったとすれば「16000－3100＝12900（円）」の儲けになります。これならば実践してもよさそうです。

## 「マーチンゲイル法」を実践

ということで、ここで一つの実例を紹介します。

某テレビ局の数学特集番組に私は出演しました。その番組では、まずは「マーチンゲイル法」を解説、その後に本当に「マーチンゲイル法」を競馬で試すという内容でした。

中山競馬場にアナウンサーが乗り込んで、単勝倍率二倍以上の時だけ馬券を買うというルールにして「一〇〇円」からスタート。つまり、前頁の表のように計算は進行していきました。

楽しみは最後に勝つときのオッズです。結果は、一〇回連続で負けて一一回目に二・八倍の払い戻しで勝ちとなりました。儲けは「10240 0×2・8－20470 0＝8 2 0 2 0（円）」です。

これは本当にヤラセなしでうまくいきました。それではなぜ、「単勝倍率二倍以上」というルールにしたのかを考えてみましょう。

実際の競馬ではオッズは変動します。あなたが大金持ちで、大きな賭け金で二倍をちょっと超えたくらいの馬券を買ったとすれば、そのせいでオッズは下がり二倍を切ることだってあり得るのです。

もし、オッズが一・九倍の馬券を購入してしまったならば、勝ったとしても儲けは出なくなる場合がでてきます。

正確にオッズを見極めて「マーチンゲイル法」を実践しようとするのは、それなりに高度な判断が要求されます。

## ハイリスク・〝あやふや〟リターン？

ということで、これが条件つき必勝法の「マーチンゲイル法」です。

もし、競馬の「一日一二レース」のすべてに負けてしまうと、四〇万九五〇〇円を賭けることになります。それだけつぎ込んで勝った場合でも、オッズがどれだけになるかわからないので、儲けがいくらになるかはわかりません。

何度も繰り返しますが、オッズがジャスト二倍であれば、賭け金が高くなっていても「ジャスト一〇〇円」の儲けにしかならないのです。

ハイリスク・ローリターンですね。

もし一二回目のレースでオッズが一・一倍だったら、「204800×2・1－409500＝205800（円）」の儲けになり、三倍だったら二〇万四九〇〇円の儲けになります。

このようにオッズが上がれば、ハイリスク・ハイリターンですが、結局、「マーチンゲイル法」を競馬で実践するのは「ハイリスク・〝あやふや〟リターン」といえます。

それでも、競馬が好きな人は挑戦してみますか⁉

◆続けるほどにお金はかかる！

| | 賭け金 | 賭け金合計 |
|---|---|---|
| 12回目（11回負け） | 204,800円 | 409,500円 |
| 13回目（12回負け） | 409,600円 | 819,100円 |
| 14回目（13回負け） | 819,200円 | 1,638,300円 |
| 15回目（14回負け） | 1,638,400円 | 3,276,700円 |
| 16回目（15回負け） | 3,276,800円 | 6,553,500円 |
| 17回目（16回負け） | 6,553,600円 | 13,107,100円 |

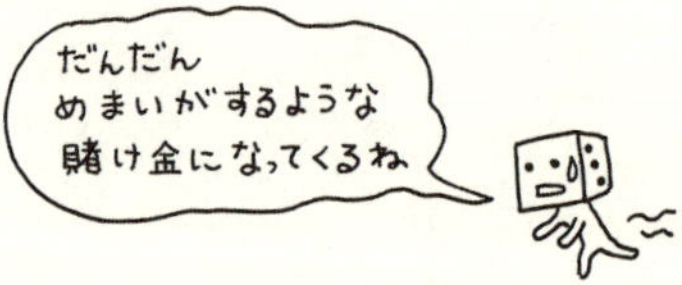
だんだん
めまいがするような
賭け金になってくるね

## たった一つの必勝法は……

「マーチンゲイル法」――それはリスクのある必勝法でした。もし、あなたがどうしても確実に儲けたいのならば、一つの方法があります。

それは胴元（ディーラー）になることです。「宝くじとカジノ、どちらが儲かる？」（四八頁）でも紹介したように、ギャンブルとは、トータルで見ると「プレーヤー」が必ず損をして、胴元（ディーラー）が必ず儲かるしくみ」です。

ギャンブルはプレーヤーであるかぎり、儲けようと思うよりも、お金を賭けて娯楽の時間を楽しむととらえるのが健全だということですね。

サイコロの丁半の確率は $\frac{1}{2}$

# 数学でモテる！　美人角

## モナリザはなぜ人を惹きつける？

映画「ローマの休日」で有名なオードリー・ヘップバーン。

今なお輝きを放つ、不滅の美人女優です。

また、ハリウッドスターからモナコ王妃にまでなったグレース・ケリー。

そして、これまた美人で名高い悲劇の女優マリリン・モンロー。

さらには「微笑みのシンボル」といえる、レオナルド・ダ・ヴィンチによる名画「モナリザ」。

人々を惹きつけてやまない美人たちの顔にはある共通点があります。それは、まゆと唇を結んだ二本の線がつくる角度が四五度であるということです。

四五度には、何か秘密があるのでしょうか。

◆美人の条件「美人角」

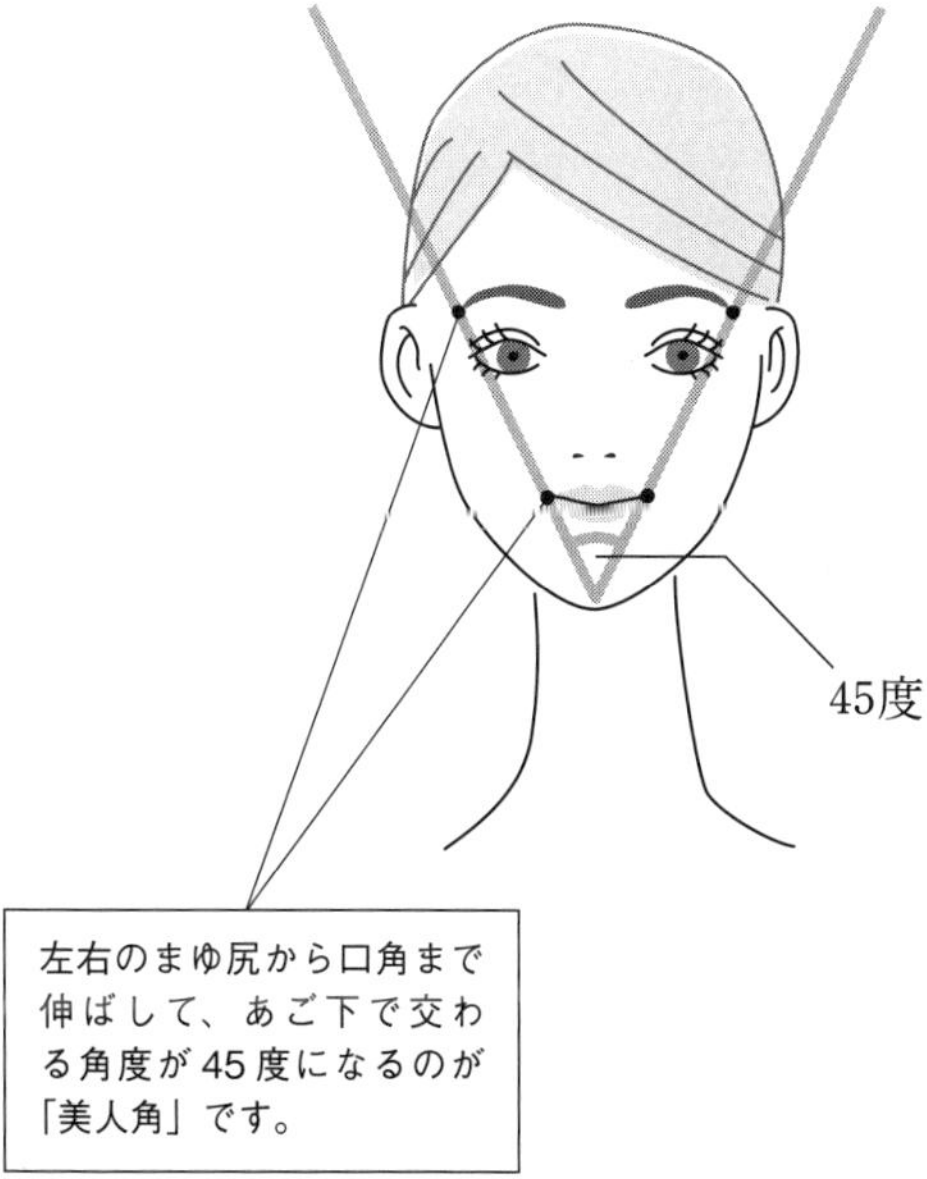
45度
左右のまゆ尻から口角まで伸ばして、あご下で交わる角度が45度になるのが「美人角」です。

## 千利休は四五度が好き!?

この四五度を「美人角」とよぶことにしましょう。

実は、美人角は「正方形」と「白銀比」に関係しています。

日本の建築は、山から伐り出される丸太を正方形の角材に加工した材木が使われます。もっとも無駄が少なく、張りの強度が大きくなる断面。それが正方形の特徴です。

その角材を使ってつくられる茶室には、多くの正方形が見られます。正方形は、日本文化の象徴である茶室に見られる様式美といえますね。

畳の配置、炉、座布団、ふすま、障子。すべては、静寂をつくりだすために選ばれた正方形です。無駄を徹底的になくした形である正方形。その中で、合理的な茶道具の配置と所作がデザインされた世界——それが茶道なのです。

## 能の舞台も四五度

また、四五度は正方形に対角線を引くことで現れてくる角度です。

伝統芸能の一つである能は、その舞台が正方形であることが重要であるとされていま

## ◆白銀比

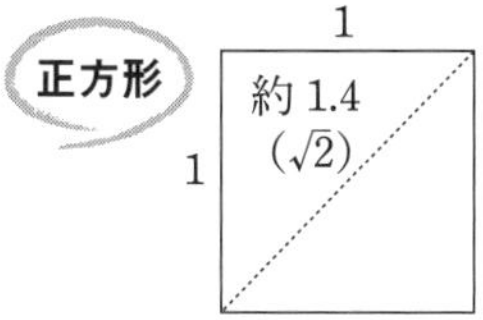


## ◆茶室には正方形がたくさん

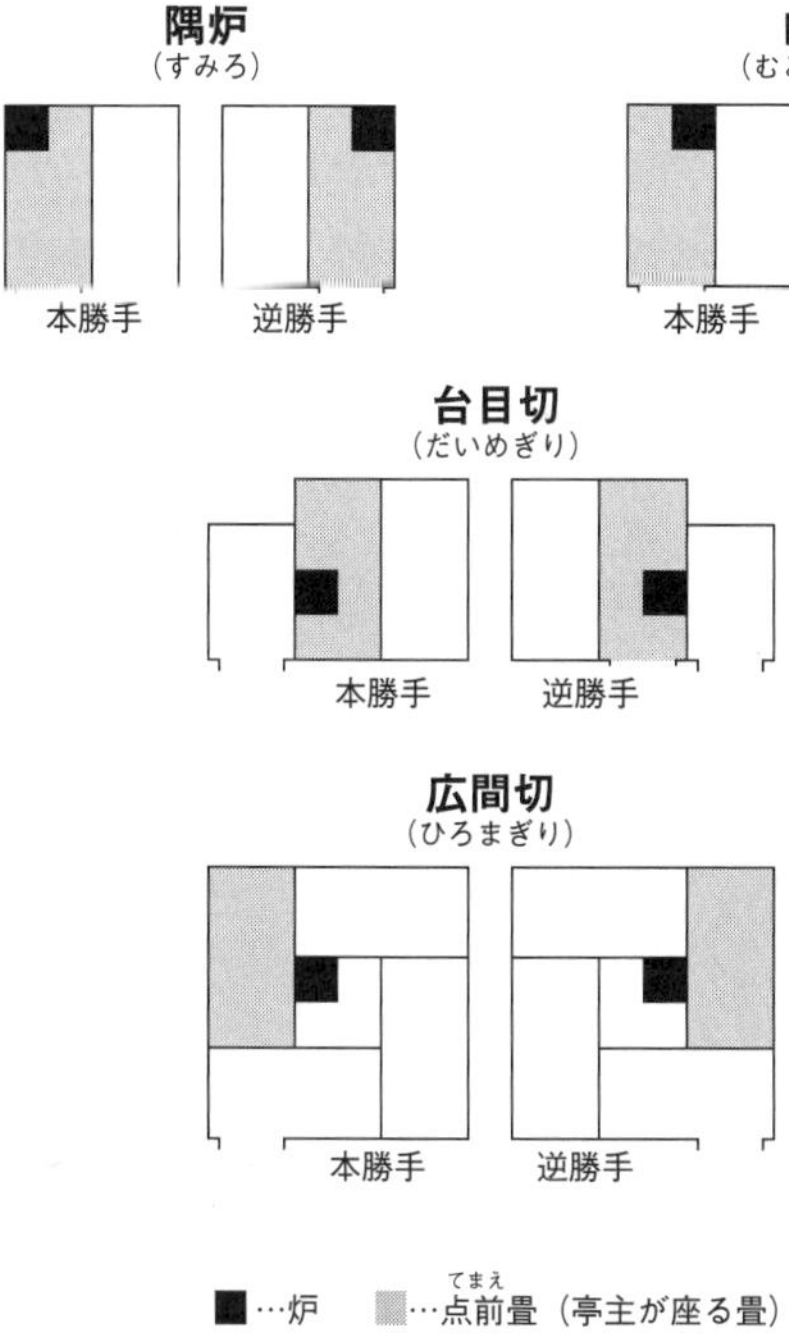

す。能の主人公を演じる役であるシテは、「正方形」の舞台上では常に対角線方向の動きを意識していると聞いたことがあります。つまり、幽玄の世界である能では、四五度の方向が意識されているということです。

一方の「白銀比」とは「1対$\sqrt{2}$の比」のことで、$\sqrt{2}$は「約1・4」です。「白銀比」は「正方形」に対角線を引くことで現れます。

雪舟の水墨画や、菱川師宣の「見返り美人図」にも白銀比は現れていて、1対約1・4。また、コピー用紙は縦横の比が白銀比なので「白銀長方形」です。

コピー用紙は半折りにしても元の長方形と同じ形になる性質（相似）があります。また、「白銀比」は正方形の一辺と対角線の比でもあります。

正方形の一辺と対角線がなす角度が四五度。四五度の直角二等辺三角形には秘密があります。

折り紙を想像してください。対角線で半分に折ると、四五度の直角二等辺三角形ができます。さらに半分に折ると、同じ形（相似）の二等辺三角形ができます。

さらには、これを繰り返すと同じ二等辺三角形が次々につくられていきます。

## ◆能の世界も45度

シテ柱
笛柱
常座
大小前
笛座
ワキ正
正中
地の頭
目付
正先
ワキ座
目付柱
ワキ柱

たしかに
正方形の
対角線だ!

## ◆白銀比（$\sqrt{2}$=1.41421356…）をコピー用紙で確かめる！

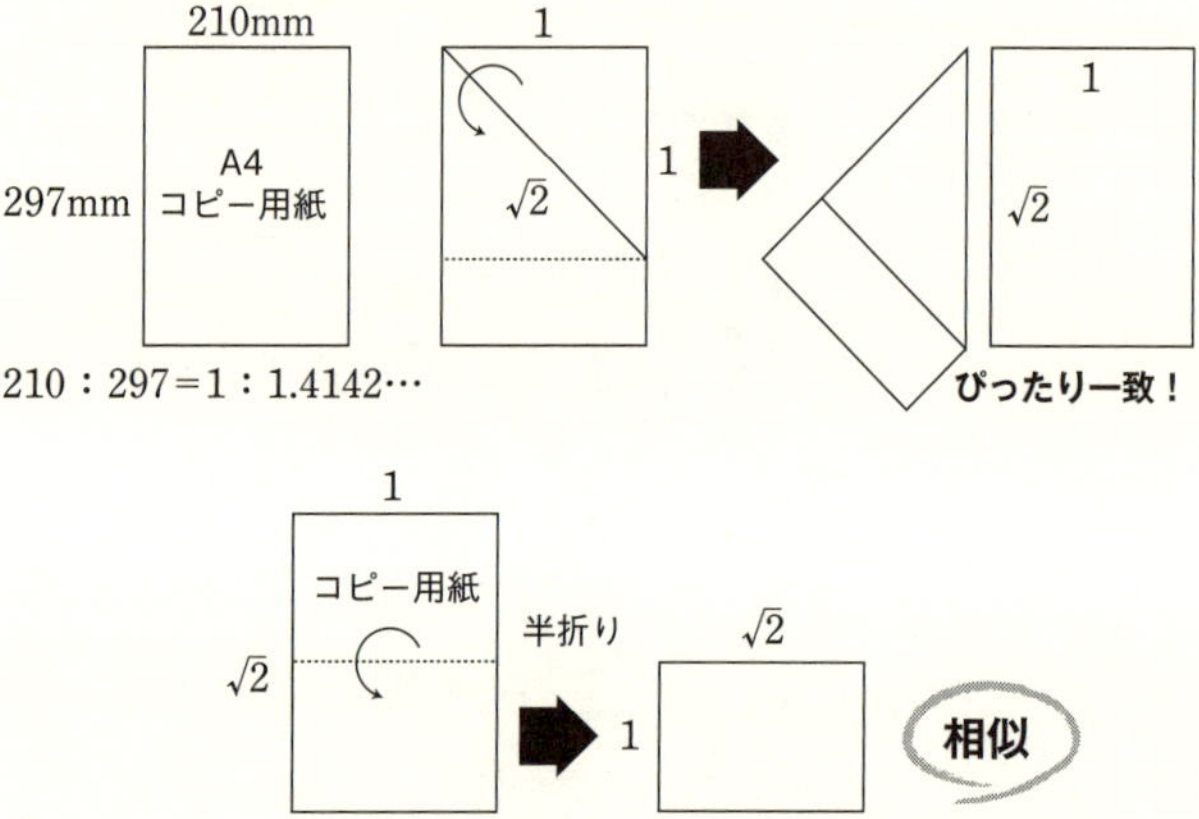


## ◆無限に相似の三角形

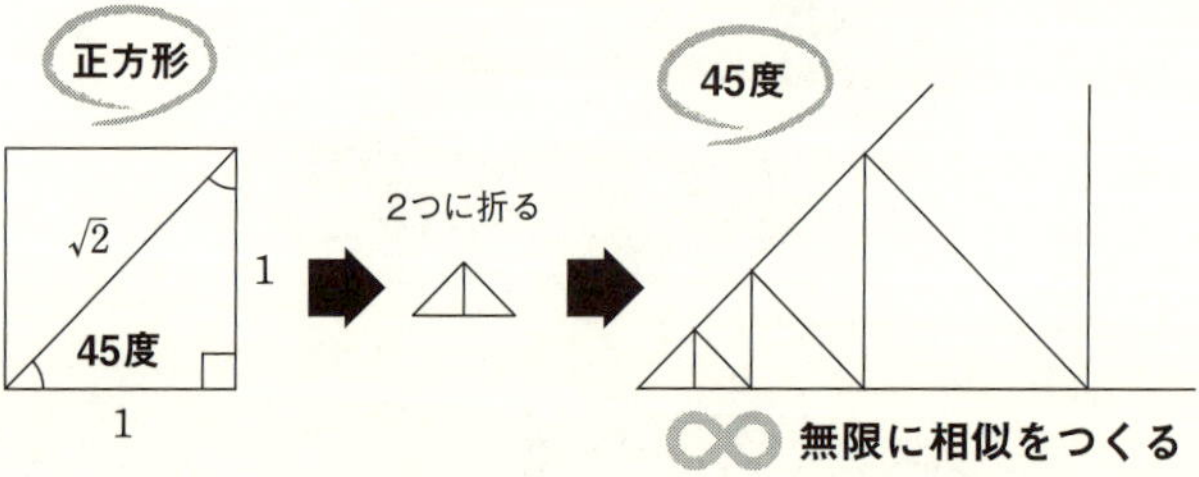

つまり、無限に相似がつくりだされるともいえるのです（紙で折る場合にはもちろん限界はあります）。

このように、四五度は正方形と「白銀比」を連想させ、さらには無限の相似へと結びつく角度です。

もしかしたら、茶の湯の世界を確立した千利休や、水墨画の世界に大きな功績を残した雪舟は、「四五度の秘密」に気づいていたのかもしれませんね。

## 美人メイクは角度で決まる

女性の顔という美の表舞台に現れる四五度は、「正方形」と「白銀比」を連想させて無駄のない美しさに通じることになります。

そして、四五度のラインは、直角二等辺三角形から無限に続く相似を連想させることになります。

おそらく、四五度は、潜在的に私たちの美意識に訴えかける角度なのではないでしょうか。日本人は四五度を見ることにより、無限に対する「美」、永遠に対する「美」というものを感じとっているのかもしれません。

これが「美人角四五度」の秘密です。

ためしに、あなたも真正面から顔写真を撮り、二本のラインを引いて角度を測ってみてください。

さて、あなたは美人角の持ち主だったでしょうか。もし美人角ではなかったとしても大丈夫。

また、ぴったり四五度でなくても、近い角度を持った方ならば、お化粧という実践でこの理論を活用することができます。

そう、まゆ毛のラインの長さを調整すればいいのです。ぜひ、「美人角四五度」を実践してみてください。

私は
まゆ毛がないから
美人角に
できない…
元気
出して

# 電卓でひみつの数当てマジック

**電卓でできる楽しい手品**

私たちにとって身近な存在である電卓。

この電卓を使った、誰にでもできる「数当てマジック」があることをご存じでしょうか。これから紹介していこうと思いますので、まず、手元に一〇桁以上表示できる電卓を用意してください。

そして、あなたがマジックをかけたい相手に、次のように声をかけながら、STEPに従って数字と記号を打ち込んでもらいます。

STEP1　まず、「魔法を仕掛けるので、少しお待ちください」といいながら、電卓に「12345679」と打ち込みます。

STEP2　「×《かける》」を押した後に、「1から9までの中から、好きな数字（秘密の数）を押して、その後に＝《イコール》を押してください」と声をかけて、電卓を渡します。

STEP3　相手が数字を打ち込んだら、電卓を返してもらいます。そして「あなたが選んだ数字を解読するための魔法を、もう一度施します」といいながら、「×《かける》9＝《イコール》」を押してください。

STEP4　表示された数字を確認後、相手に電卓を示しながら、「あなたの選んだ数は○○ですね」と「秘密の数」を当てればいいのです。

それでは、どのようにしてSTEP4で「秘密の数」を当てることができるのか、すべての手順を追ってみましょう。

STEP1　「12345679」と入力。

STEP2　相手が「7」を選んだとすると、「12345679×7」となる。

STEP3　「×《かける》」を押すと、「86419753」が表示されるので、続けて「×《かける》

## ◆やってみよう！　電卓マジック

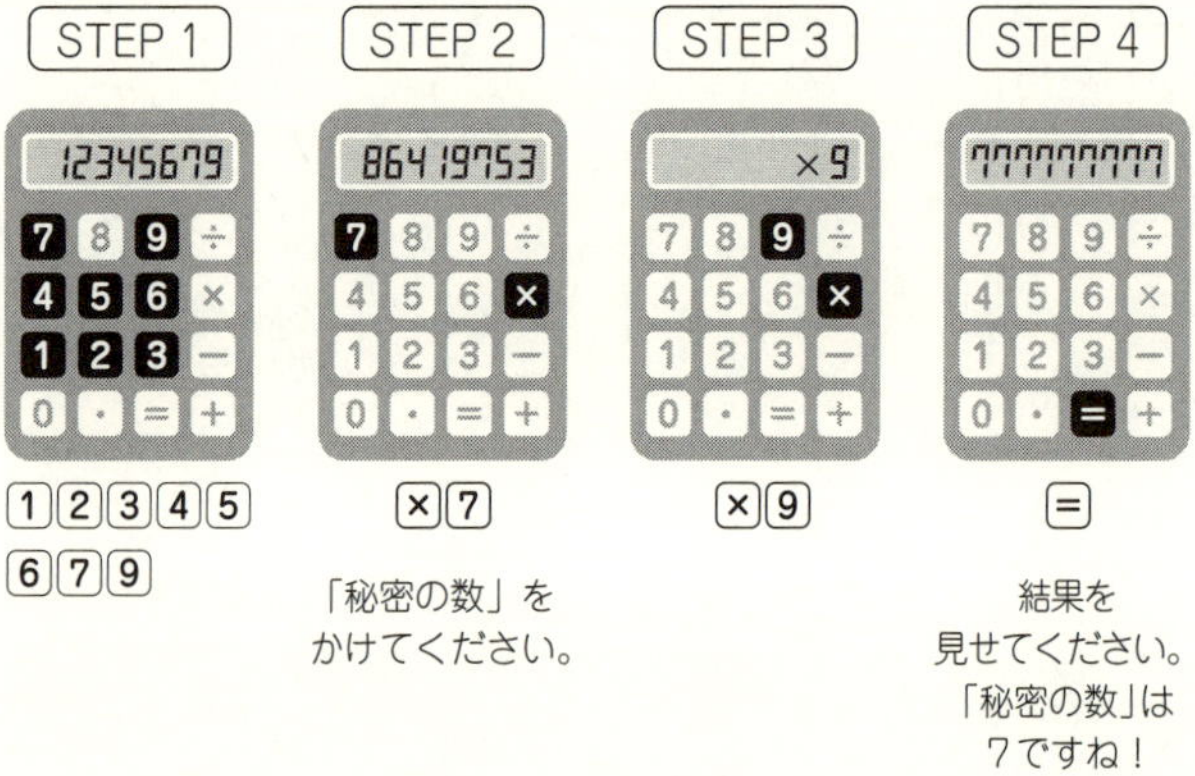


9＝《イコール》」と押す。

STEP4「777777777」が表示される。

実は、STEP4で「相手が選んだ数」が「九つ並んだ」状態で表示されているので、それを見たあなたは「選んだ数は7ですね」と、正解を答えればいいのです。

つまり、最後の結果を見ると、「秘密の数」がわかるという仕掛けです。

それでは、この電卓マジックの種明かしをしてみましょう。

つまりは、STEP1からSTEP4ま

## ◆電卓マジックの種明かし

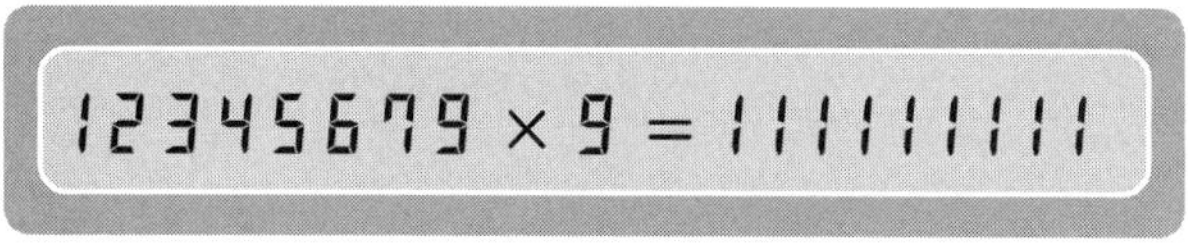

でで「12345679×(秘密の数)×9」を計算していることになるのです。この計算は、順序を入れ替えると「12345679×9×(秘密の数)」とすることができます。

かけ算「12345679×9」の答えは「111111111」ですね。つまり、「111111111×(秘密の数)」となるので、答えは「秘密の数が九つ並んだ数」となるわけです。

# 漢字の中にひそむ数字

## 長寿と漢字のふしぎな関係

八十八歳を「米寿《べいじゅ》」というように、日本では長寿のお祝いに「何々寿」という別名があります。例えば七十七歳は「喜寿《きじゅ》」、九十九歳は「白寿《はくじゅ》」といいます。

それぞれ、なぜそのようによばれるのでしょうか。ここに、「漢字の中にひそむ数字」を見つけ出す日本人独特の感性を見ることができます。

それでは、漢字の中の数字を探していきましょう。

八十八歳の「米寿」。米寿の「米」という漢字をばらばらに見てみます。そうすると、「八と十と八」という三つの数字からできていることが発見できました。だから、「八十八歳」は「米」寿です。

次に、七十七歳の「喜寿」の「喜」という漢字を見てください。「喜」は草書体にす

◆漢字をじっと眺めると……

**88歳＝米《べい》寿《じゅ》**

米　米　米

↓　↓　↓

八　十　八

◆草書体に秘密がある！

**77歳＝喜《き》寿《じゅ》**

楷書体　草書体

喜＝㐂→七七

ると「㐂」となります。「七」が横に二つ並んで、「七十七」が見えますね。

九十九歳が「白寿」である理由は百歳の別名、「百寿」にヒントがあります。百という漢字の一画目の横棒を取ってみてください。すると、白という漢字が見えてきました。式で表してみると次頁の図のような引き算になります。

## 漢字の引き算・足し算

漢字の中の数字は、これ以外にもたくさんあります。いくつか紹介しましょう。

八十歳は「傘寿《さんじゅ》」といいます。これは、「傘」の略字体が「仐」で、「八十」と見えるからです。

八十一歳は「半寿《はんじゅ》」または「盤寿《ばんじゅ》」といいます。「半」はよく見ると、「八」と「十」と「一」に分解することができます。

それでは、なぜ「盤寿」ともいうのでしょうか。

ヒントは将棋盤のマス目です。将棋は「9×9」マスの盤上で行われます。つまり「81」ですね。

### ◆ふしぎな漢字計算①　９９が生まれる

**100歳＝百《もも》寿《じゅ》**　**99歳＝白《はく》寿《じゅ》**

**百 − 一 ＝ 白**

100　−　1　＝　99

### ◆略字体に秘密がある！①

**80歳＝傘《さん》寿《じゅ》**

楷書体　略字体

**傘 ＝ 仐**

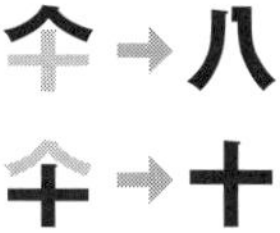


### ◆漢字を分解すると……

**81歳＝半《はん》寿《じゅ》**

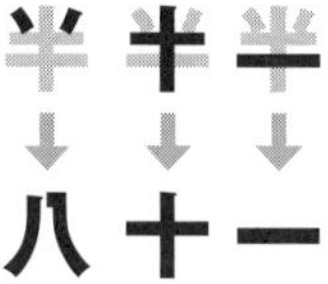

九十歳は「卒寿《そつじゅ》」です。「卒」の略字体が「卆」で、分解すると「九」と「十」を含んでいるように見えるからです。

百十一歳は「皇寿《こうじゅ》」です。「皇」を「白」と「王」に分けて考えます。「白」は、百という漢字の一画目の横棒を取って（引いて）いるので「100－1＝99」となり、「王」の中には「十」（10）と「二」（2）が隠れているので、「99＋10＋2＝111」となるわけです。また「川寿《せんじゅ》」といういい方もあります。川という漢字は、「1」が三個横に並んでいるように見えるからです。

さらに、千一歳（人間の寿命では現実的にはありえませんが……）は「王寿《おうじゅ》」といいます。たしかに「王」という漢字は、「千」と「一」でできているように見えますね。

**漢字クイズ「茶寿の謎を解け」**

それでは最後に問題です。百八歳は「茶寿《ちゃじゅ》」といいます。なぜでしょうか。

ヒントは、「米寿」。

◆略字体に秘密がある！②

**90歳＝卒《そつ》寿《じゅ》**

楷書体　略字体

卒＝卆

卆→九

卆→十

◆ふしぎな漢字計算②　111が生まれる

**111歳＝皇《こう》寿《じゅ》**

皇　皇　皇

↓　↓　↓

白　十　二

99 + 10 + 2 = 111

◆ふしぎな漢字計算③　108が生まれる

**108歳＝茶《ちや》寿《じゆ》**

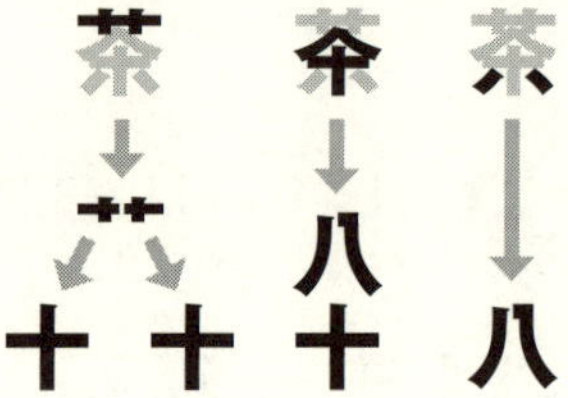


10 ＋ 10 ＋ 80 ＋ 8 ＝ 108

「茶」の草かんむりを真ん中で分けると、漢字の「十」と「十」に分けることができます。つまり、「10＋10」で「20」です。そして、「茶」の草かんむりの下部分は、「米」と同様に「八」と「十」と「八」でできているので「88」です。

それでは、「20＋88」は、いくつになりますか。「１０８」ですね。

## 日本人の美意識が数字と出会った

ちなみに唱歌「茶摘み」では、「♪夏も近づく八十八夜」と茶摘みの様子をうたいます。ここでも、「茶」と「88」が関係しています。江戸の改暦の際に、八十八夜を暦に記載したのは、一説によると暦学者渋川《しぶかわ》春海《しゅんかい》といわれています。

このように「何々寿」という年齢の別名は、長寿を祝福する気持ちを表現する特別なものです。日本語だからこそできる数と漢字の素敵な合わせ技なのです。

皆さんも、数と漢字の合わせ技に挑戦してみてください。きっと、自分だけの「何々寿」が見つかることでしょう。

# 魔法みたいな「魔方陣」

**パズル？　それともマジック？**


数学には、魔法ならぬ「魔方」が存在します。

これから紹介する「魔方陣」は、「$n\times n$」のマス目に数を入れて、縦、横、斜め、どの一列をとっても和が等しくなる摩訶不思議《まかふしぎ》な図形です。

西洋では「Magic Square（魔の正方形）」とよばれています。

それでは、魔方陣の数々を見ていきましょう。

次頁の図をご覧ください。


さて、わかりましたでしょうか？

そうですね、縦・横・斜めの和が「15」になっています。

◆「3×3」の魔方陣

| | | |
|---|---|---|
| 4 | 9 | 2 |
| 3 | 5 | 7 |
| 8 | 1 | 6 |

それでは、実際に計算してみましょう。

まず、縦に足していきます。

2＋7＋6＝15
9＋5＋1＝15
4＋3＋8＝15

続いては、横に足してみます。

4＋9＋2＝15
3＋5＋7＝15
8＋1＋6＝15

最後に、斜めに足してみます。

4＋5＋6＝15

2+5+8=15

さて、いずれも和が「15」になりました。

無数の数の組み合わせが、一つの形として結実した神秘的なもの。

これが、魔方陣です。

**どこまで足せる？　驚きの魔方陣**

それでは、続いて「4×4」の魔方陣を紹介します。

今度は、縦、横、斜めの和は「34」になります。少し難しいので、すべて図に示してみます。

これだけではありません。

◆「4×4」の魔方陣

| | | | |
|---|---|---|---|
| 16 | 3 | 2 | 13 |
| 5 | 10 | 11 | 8 |
| 9 | 6 | 7 | 12 |
| 4 | 15 | 14 | 1 |

### ◆「4 × 4」の魔方陣 横に足す

| | | | |
|---|---|---|---|
| 16 | 3 | 2 | 13 |
| 5 | 10 | 11 | 8 |
| 9 | 6 | 7 | 12 |
| 4 | 15 | 14 | 1 |

16 + 3 + 2 + 13 = 34
5 + 10 + 11 + 8 = 34
9 + 6 + 7 + 12 = 34
4 + 15 + 14 + 1 = 34

### ◆「4 × 4」の魔方陣 縦に足す

| | | | |
|---|---|---|---|
| 16 | 3 | 2 | 13 |
| 5 | 10 | 11 | 8 |
| 9 | 6 | 7 | 12 |
| 4 | 15 | 14 | 1 |

13 + 8 + 12 + 1 = 34
2 + 11 + 7 + 14 = 34
3 + 10 + 6 + 15 = 34
16 + 5 + 9 + 4 = 34

### ◆「4 × 4」の魔方陣 斜めに足す

| | | | |
|---|---|---|---|
| 16 | 3 | 2 | 13 |
| 5 | 10 | 11 | 8 |
| 9 | 6 | 7 | 12 |
| 4 | 15 | 14 | 1 |

16 + 10 + 7 + 1 = 34
13 + 11 + 6 + 4 = 34

### ◆「4 × 4」の魔方陣 2 × 2 の固まりで足す

| | | | |
|---|---|---|---|
| 16 | 3 | 2 | 13 |
| 5 | 10 | 11 | 8 |
| 9 | 6 | 7 | 12 |
| 4 | 15 | 14 | 1 |

16 + 3 + 5 + 10 = 34
2 + 13 + 11 + 8 = 34
9 + 6 + 4 + 15 = 34
7 + 12 + 14 + 1 = 34

### ◆「4 × 4」の魔方陣 まだまだある！ 34 になる足し方

| | | | |
|---|---|---|---|
| 16 | 3 | 2 | 13 |
| 5 | 10 | 11 | 8 |
| 9 | 6 | 7 | 12 |
| 4 | 15 | 14 | 1 |

16 + 13 + 4 + 1 = 34
10 + 11 + 6 + 7 = 34

| | | | |
|---|---|---|---|
| 16 | 3 | 2 | 13 |
| 5 | 10 | 11 | 8 |
| 9 | 6 | 7 | 12 |
| 4 | 15 | 14 | 1 |

3 + 2 + 15 + 14 = 34
5 + 8 + 9 + 12 = 34

| | | | |
|---|---|---|---|
| 16 | 3 | 2 | 13 |
| 5 | 10 | 11 | 8 |
| 9 | 6 | 7 | 12 |
| 4 | 15 | 14 | 1 |

16 + 2 + 9 + 7 = 34
10 + 8 + 15 + 1 = 34

| | | | |
|---|---|---|---|
| 16 | 3 | 2 | 13 |
| 5 | 10 | 11 | 8 |
| 9 | 6 | 7 | 12 |
| 4 | 15 | 14 | 1 |

3 + 13 + 6 + 12 = 34
5 + 11 + 4 + 14 = 34

◆この魔方陣、どこがすごい？

| | | | |
|---|---|---|---|
| 14 | 7 | 2 | 11 |
| 1 | 12 | 13 | 8 |
| 15 | 6 | 3 | 10 |
| 4 | 9 | 16 | 5 |

さらに、34になる場所はたくさんあります。このようにやむことのない驚きを提供してくれるのが、魔方陣の特徴です。

続いては、もっとすごい魔方陣の登場です。

上図は、ぱっと見ると、これまでと同様に思えますが、実は、通常の斜めに加えて、次頁で示しているような斜めの和も同じになるのです。このような魔方陣を「完全魔方陣」といいます。

**円にも六角にもなる！**

また、円陣による魔方陣も存在します。

円周と直径の交わる部分に数を入れるというものです。「1」を真ん中に配置して、ぐ

## ◆「完全魔方陣」は、こんな足し方もできる！

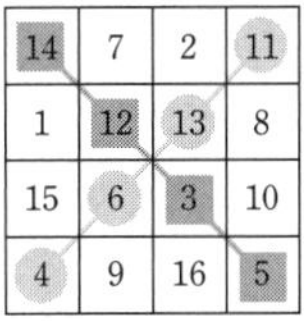


14 + 12 + 3 + 5 = 34
11 + 13 + 6 + 4 = 34

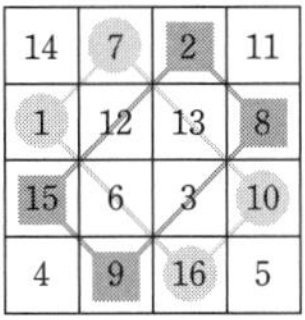


1 + 7 + 16 + 10 = 34
2 + 8 + 15 + 9 = 34

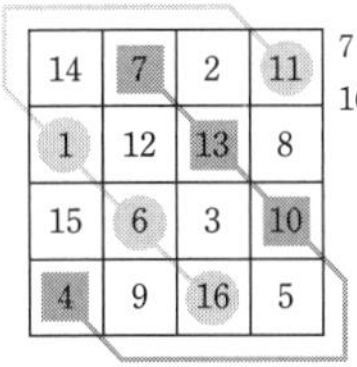


7 + 13 + 10 + 4 = 34
16 + 6 + 1 + 11 = 34

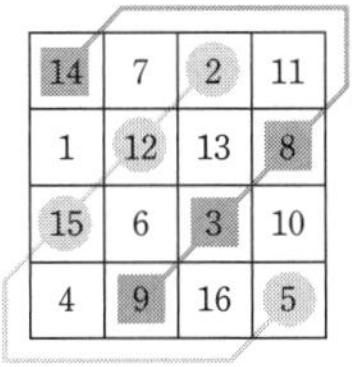


2 + 12 + 15 + 5 = 34
9 + 3 + 8 + 14 = 34

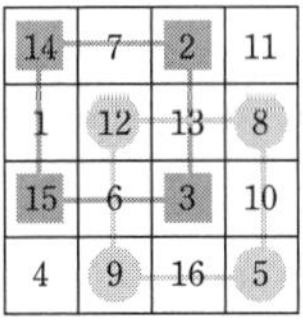


14 + 2 + 15 + 3 = 34
12 + 8 + 9 + 5 = 34

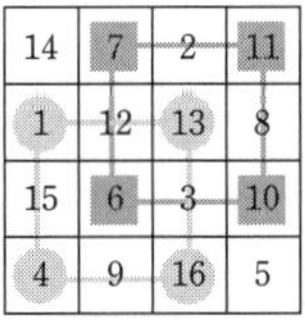


7 + 11 + 6 + 10 = 34
1 + 13 + 4 + 16 = 34

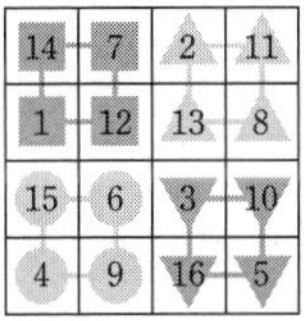


14 + 7 + 1 + 12 = 34
15 + 6 + 4 + 9 = 34
2 + 11 + 13 + 8 = 34
3 + 10 + 16 + 5 = 34

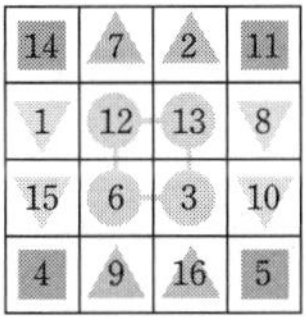


14 + 11 + 4 + 5 = 34
12 + 13 + 6 + 3 = 34
7 + 2 + 9 + 16 = 34
1 + 8 + 15 + 10 = 34

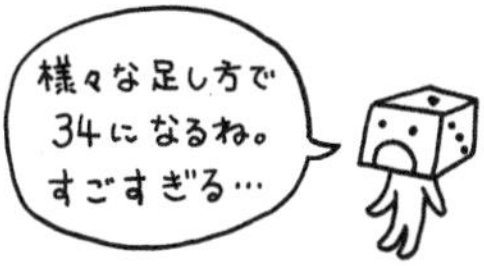

## ◆円陣による魔方陣を完成させよう

〔問題〕○に入る数字は？

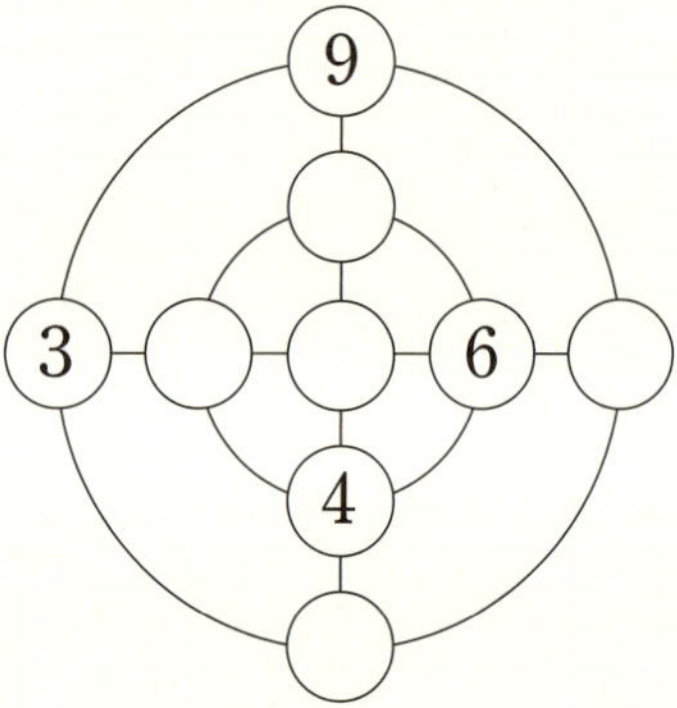


〔答え〕

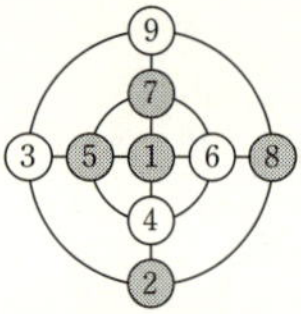


周 9＋8＋2＋3＝22
7＋6＋4＋5＝22

直径 9＋7＋1＋4＋2＝23
3＋5＋1＋6＋8＝23

るりと連なったどの「周」にある数の和も、どの「直径」にある数の和も等しくなるようにします。

さて、上図の円陣を完成させてください。

それでは答えです。

「1」を真ん中において、小さい数字と大きい数字を順に組み合わせます。つまり、残りは「2と9」、「3と8」、「4と7」、「5と6」の組で配置すればよいのです。周の和は「22」、直径の和は「23」になります。

さらには、六角でも成立する「魔六角陣」という魔方陣もあります。次頁の上図をご覧ください。

「魔六角陣」は、左斜め・右斜め・横のいず

## ◆魔六角陣

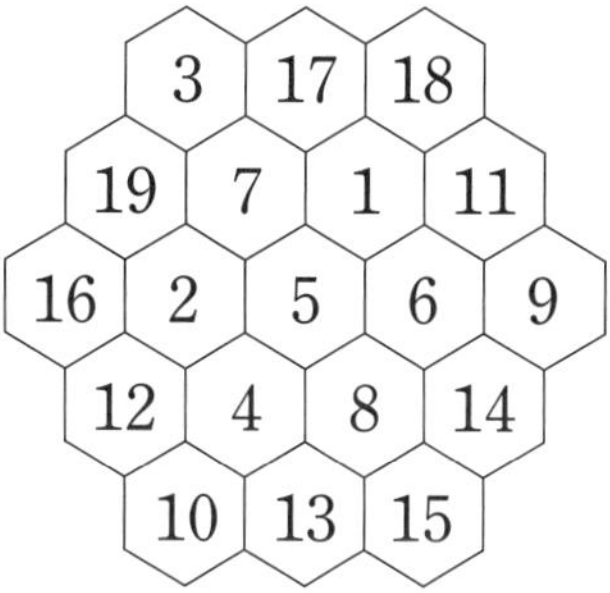


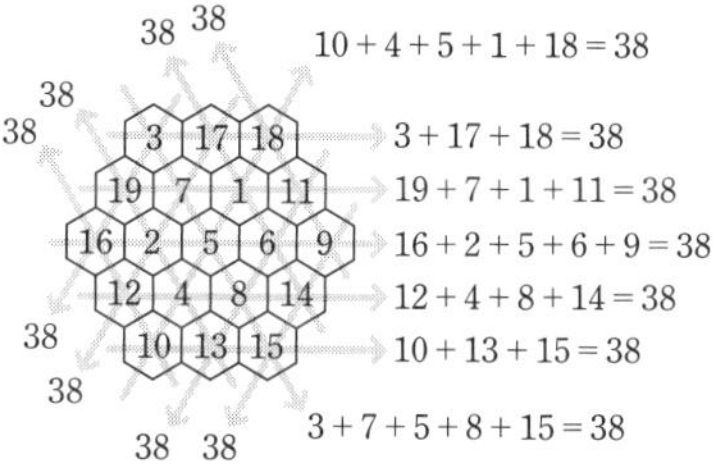


## ◆魔六角陣アラカルト

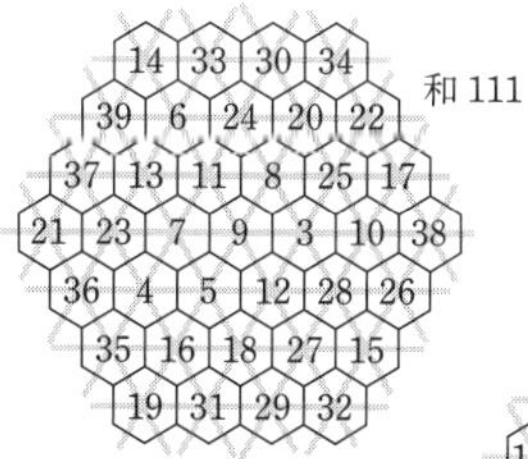


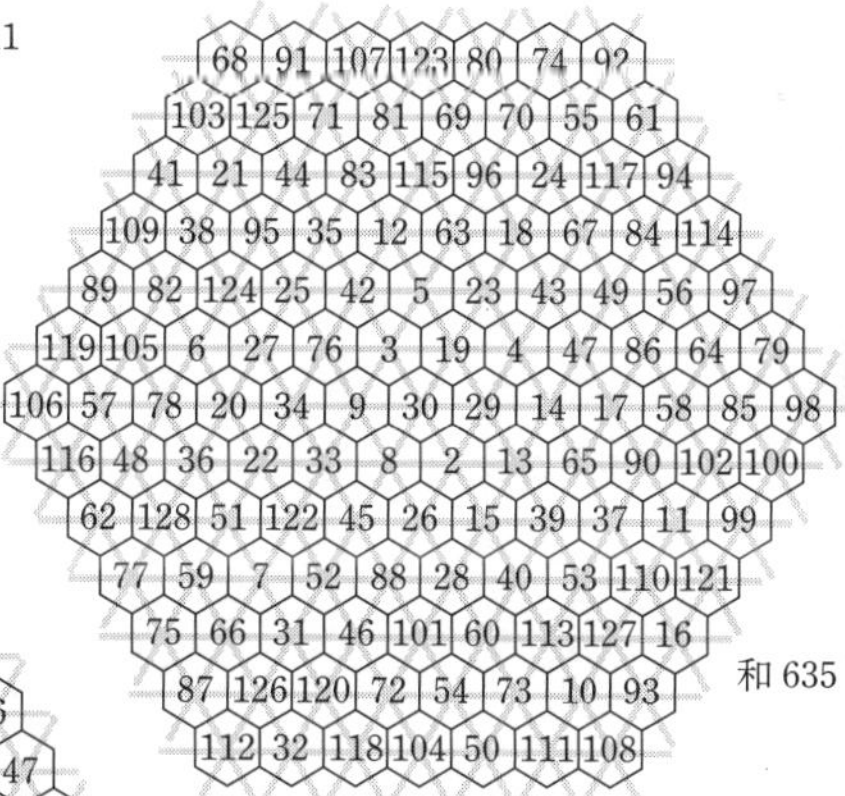


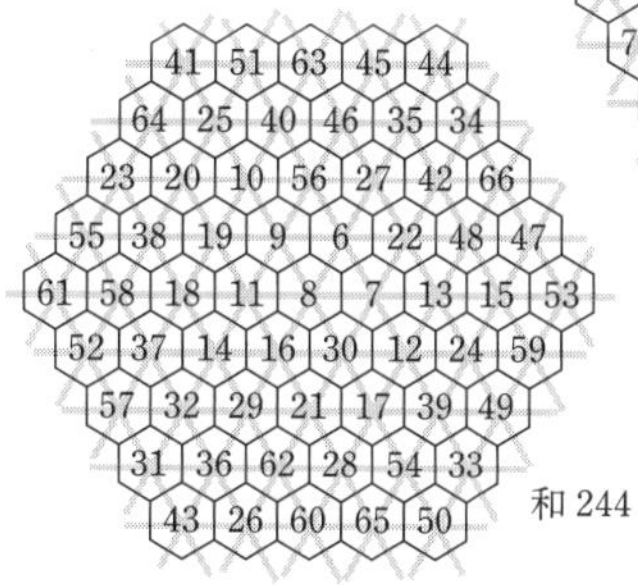

れの方向の和も等しくなります。
続いては前頁の下図にもご注目ください。
魔六角陣は、さらにあるのです。
ここまで来ると、確認するだけで大変ですね。

## 占星術師は魔方陣をお守りに

十六世紀、西洋の占星術師たちは、ユダヤ教の神秘主義の一つであるカバラ（数秘術）を信奉していました。数秘術は、生年月日や名前などさまざまなものを数に置き換え、独自の計算で未来を占うものですが、彼らは、次頁の図のような「惑星や衛星」などを置き換えた数（土星は15、火星は65など）を元にした魔方陣をつくり、この魔方陣を刻んだメダルをお守りにしていました。

魔術を必要としなくなった現代ですが、魔方陣にはどこか神秘的なものを感じます。数の神秘に魅せられた当時の人々が、魔方陣をお守りにしてきた気持ちは、皆さんも理解できるのではないでしょうか。

## ◆占星術師たちの魔方陣

**土星＝15**

| | | |
|---|---|---|
| 4 | 9 | 2 |
| 3 | 5 | 7 |
| 8 | 1 | 6 |

**木星＝34**

| | | | |
|---|---|---|---|
| 4 | 14 | 15 | 1 |
| 9 | 7 | 6 | 12 |
| 5 | 11 | 10 | 8 |
| 16 | 2 | 3 | 13 |

**火星＝65**

| | | | | |
|---|---|---|---|---|
| 11 | 24 | 7 | 20 | 3 |
| 4 | 12 | 25 | 8 | 16 |
| 17 | 5 | 13 | 21 | 9 |
| 10 | 18 | 1 | 14 | 22 |
| 23 | 6 | 19 | 2 | 15 |

**太陽＝111**

| | | | | | |
|---|---|---|---|---|---|
| 6 | 32 | 3 | 34 | 35 | 1 |
| 7 | 11 | 27 | 28 | 8 | 30 |
| 19 | 14 | 16 | 15 | 23 | 24 |
| 18 | 20 | 22 | 21 | 17 | 13 |
| 25 | 29 | 10 | 9 | 26 | 12 |
| 36 | 5 | 33 | 4 | 2 | 31 |

**金星＝175**

| | | | | | | |
|---|---|---|---|---|---|---|
| 22 | 47 | 16 | 41 | 10 | 35 | 4 |
| 5 | 23 | 48 | 17 | 42 | 11 | 29 |
| 30 | 6 | 24 | 49 | 18 | 36 | 12 |
| 13 | 31 | 7 | 25 | 43 | 19 | 37 |
| 38 | 14 | 32 | 1 | 26 | 44 | 20 |
| 21 | 39 | 8 | 33 | 2 | 27 | 45 |
| 46 | 15 | 40 | 9 | 34 | 3 | 28 |

**水星＝260**

| | | | | | | | |
|---|---|---|---|---|---|---|---|
| 8 | 58 | 59 | 5 | 4 | 62 | 63 | 1 |
| 49 | 15 | 14 | 52 | 53 | 11 | 10 | 56 |
| 41 | 23 | 22 | 44 | 45 | 19 | 18 | 48 |
| 32 | 34 | 35 | 29 | 28 | 38 | 39 | 25 |
| 40 | 26 | 27 | 37 | 36 | 30 | 31 | 33 |
| 17 | 47 | 46 | 20 | 21 | 43 | 42 | 24 |
| 9 | 55 | 54 | 12 | 13 | 51 | 50 | 16 |
| 64 | 2 | 3 | 61 | 60 | 6 | 7 | 57 |

**月＝369**

| | | | | | | | | |
|---|---|---|---|---|---|---|---|---|
| 37 | 78 | 29 | 70 | 21 | 62 | 13 | 54 | 5 |
| 6 | 38 | 79 | 30 | 71 | 22 | 63 | 14 | 46 |
| 47 | 7 | 39 | 80 | 31 | 72 | 23 | 55 | 15 |
| 16 | 48 | 8 | 40 | 81 | 32 | 64 | 24 | 56 |
| 57 | 17 | 49 | 9 | 41 | 73 | 33 | 65 | 25 |
| 26 | 58 | 18 | 50 | 1 | 42 | 74 | 34 | 66 |
| 67 | 27 | 59 | 10 | 51 | 2 | 43 | 75 | 35 |
| 36 | 68 | 19 | 60 | 11 | 52 | 3 | 44 | 76 |
| 77 | 28 | 69 | 20 | 61 | 12 | 53 | 4 | 45 |

# 「＋《プラス》」の由来を知っていますか？

## なぜ「＋」なんだろう？

私たちにとっておなじみの「＋」「－」「×」「÷」。

当たり前のものとして使用している、いわゆる「四則演算」の記号たちですが、そもそもなぜプラスは「＋」という形なのでしょうか。

その理由をご紹介していきたいと思います。

## ＋のものがたり

「＋」は一四八九年に、ドイツのヨハネス・ウィッドマン（一四六〇～一四九八）の本の中で使われています。

ただ、この本では「+」は「超過」の意味で使われており、演算記号ではありませんでした。

足し算にはラテン語の「et（英語のand）」が使われており、「3に5を加える」ことを「3 et 5」と表現しています。

「+」という記号自体は、「et」の筆記体がくずれて「t」となり、そして「+」になったという説があります。

足し算の演算記号として「+」がはじめて登場したのは一五一四年、オランダのファンデル・ホエッケの算術の本の中といわれています。

## −のものがたり

「+」と同じく「−」も、ウィッドマンの本の中に登場しています。「−」は「不足」

の意味で、引き算にはラテン語の「de」が使われており、「5 de 3」が「5から3を取り除く」という意味で使われていました。「de」は「demptus(取り除く)」の頭文字です。

それでは、記号「−」は、何に由来しているのでしょうか。

そもそも西欧では「plus（プラス）」「minus（マイナス）」の頭文字の「p̃」「m̃」を用いて「4 p̃ 3」や「5 m̃ 2」のような書き方が普及していたようです。

そのため、「−」は「m̃」の「〜」が変形したという説があります。そして、「+」と同じく一五一四年、オランダのホェッケの本の中で、演算記号として「−」がはじめて登場したといわれています。

## × のものがたり

イギリスのウィリアム・オートレッド（一五七四〜一六六〇）が一六三一年に、数学教科書として名高い『算数の鍵』の中で「×」をはじめて使いました。それでは、オートレッドが「×」を使うことになるまでの軌跡を追ってみましょう。

一六〇〇年頃には、イギリスのエドワード・ライト（一五六一～一六一五）がアルファベットの「X」を使っています。これは中世に行われた「たすきがけ法」に描かれる線が原型になっていると考えられます。

このエドワード・ライトは、ネイピアの対数の本（ラテン語）を英訳したことで有名な数学者です。

さらに十六世紀には、ドイツのペトルス・アピアヌス（一四九五～一五五二）という数学者の著書に出てくる分数計算を暗記するための図表の中で「線で結ばれた二つの数はかける」というルールがありました。これは、一〇五頁の図のように、演算ごとに計算方法が変わる分数について覚えやすくしたものでした。

そもそも、かけ算には演算記号がいりません。例えば、文字同士のかけ算「$x \times y$」は「$xy$」と書きますね。

そして、数同士のかけ算の記号としては、「X」よりも先に使われていたのが「・」

です。一五世紀はじめには、イタリアで用いられました。

「3・5」。これで「3×5」となります。

「数字・数字」でも不都合はないわけで、ことさらに新しい演算記号を考える必要はなかったのです。

後には「・」はかけ算、カンマ「,」は小数点の記号と区別するようになっていきました。

それでは、なぜ後から「×」が発明されるようになったのでしょうか。そのヒントは分数にあります。

面白いことに、分数の四則演算のうち、「足し算（＋）」「引き算（－）」「割り算（÷）」は、たすきがけの「かけ算（×）」が必要です。

しかし、分数の「かけ算（×）」だけは、たすきがけがありません。

そう考えると、かけ算の記号「×」の起源は、分数の四則演算に表れる「たすきがけのクロス」だったのかもしれません。

オートレッドはこうした経緯を踏まえて「×」を、かけ算の記号としたようです。

### ◆Xの語源はたすきがけ？

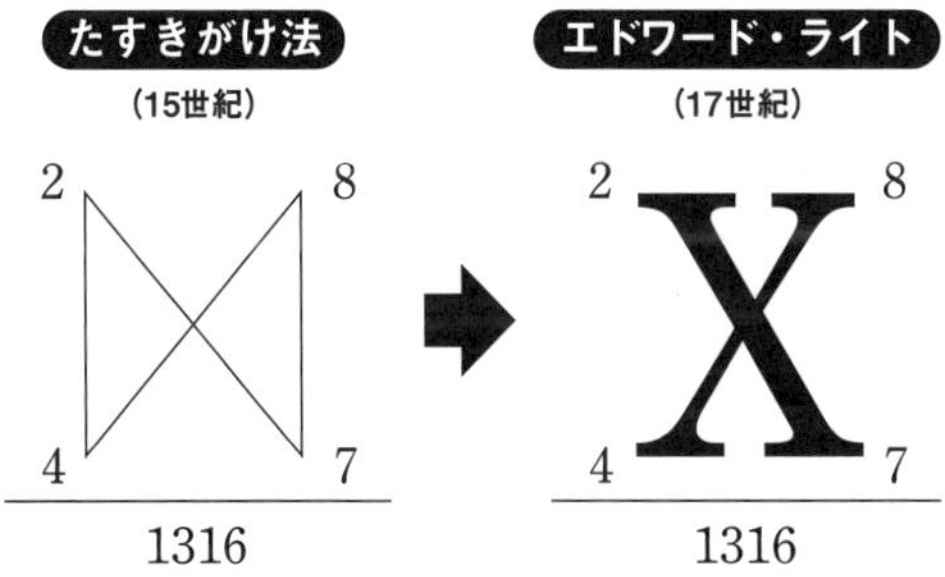


$$(2\times4)\times100+(2\times7+8\times4)\times10+8\times7$$
$$=800+460+56$$
$$=1316$$

しかし、元々アルファベットの「X」だったわけですから、新しい記号「×」は、混同しやすいと判断されて、あまり浸透はしませんでした。

現在も、かけ算は二種類の演算記号「×」と「・」、そして文字式の場合は「記号なし」の三種類が使い分けされています。

## ÷のものがたり

「÷」は、その起源がよくわかっていません。ドイツのアダム・リース（一四九二〜一五五九）は一五二二年の著作の中で、スイスのハインリッヒ・ラーン（一六二二〜一六七六）は一六五九年の著作の中で「÷」を使っています。

イギリスのジョン・ウォリス（一六一六〜一七〇三）やアイザック・ニュートン（一六四二〜一七二七）が、十七世紀から十八世紀にかけて「÷」を使ったおかげで、イギリスでは浸透していきました。

## ◆分数の四則演算から、かけ算は生まれた？

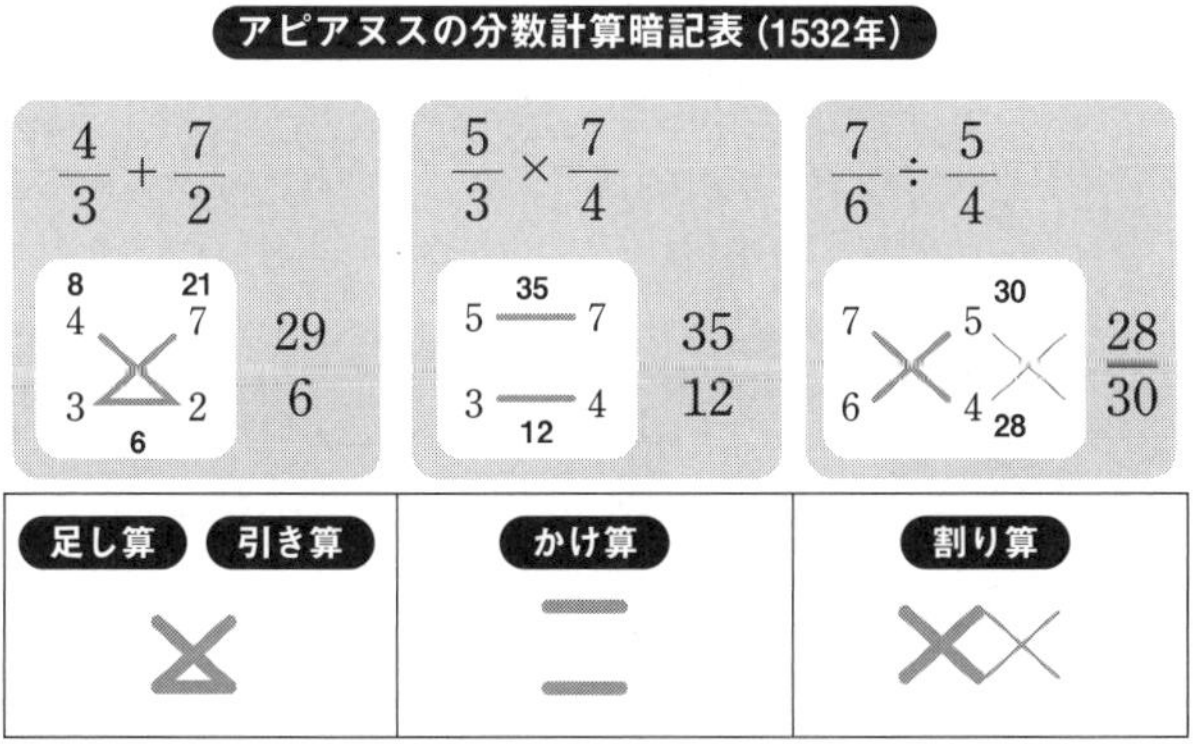

逆にドイツでは、ゴットフリート・ライプニッツ（一六四六〜一七一六）が割り算の記号として使い始めたことにより、「∶」が広まっていきます。ライプニッツの使い方は、かけ算が一つ点「・」で、割り算が二つ点「∶」というものです。例えば「6∶2＝3」という使い方ですね。

こうして、イギリスでは「×」と「÷」。ドイツをはじめとする大陸では「・」と「∶」が主流となったのです。なぜ、記号が統一されなかったのでしょうか。

その原因は、イギリスのニュートンとドイツのライプニッツによる「微分積分大論争」です。二人は異なったアプローチから「微分積分」を発見していたのですが、この偉大なる二人の間で、それぞれの支持者を巻き込んだ大論争が繰り広げられました。

その結果、数学者同士も仲が悪くなり、記号が統一されなかったのです。記号の話をしていましたが、気がつくといつのまにか何とも人間くさい話になってきました。

さて、そんな大論争に関係がない日本では「÷」と「∶」のどちらも使われていきます。ただ「6∶2＝3」という使い方は日本ではしません。「∶」は比を表し、「$a$対《たい》$b$」と読みます。そして、「6∶2＝3∶1」と「6÷2＝3÷1＝3」を使い分けています。

# どうして0で割ってはいけないの？　たのしい数学授業

## 生徒からの素朴な質問

（ある教室にて）

ある日、生徒が質問しました。

生徒「先生、どうして割り算では0で割ってはいけないんですか？」

さて、その質問をしに来た生徒には、ゆっくり丁寧に説明をしてあげることにしましょう。きっと勇気をふりしぼって先生のところにやってきたのですから。

先生「すばらしい質問をありがとう。普通はどうして？と思うことがあっても、あまり先生のところへ質問しには来ないよね。変に思われてしまうと心配してしまうから。でもそんなことはありません。君の疑問はとてもまともで、それは大切な質問です」

なぜこの質問が大切なのでしょうか。

それでは、先生の説明にじっくり耳を傾けてみることにしましょう。まずは、割り算とは何かを、もう一度考えてみるところから始めます。次頁の図を見てください。

このように割り算という計算は、「ある数が他の数の何倍であるかを求める計算」です。つまり、「はじめにかけ算がある」と考えることができるのです。例えば6÷2は「6は2の何倍か」を求める計算です。はじめに「2を3倍すると6になる」という考えがあるのです。こうして、割り算とかけ算は対応していることがわかりました。

◆割り算は「かけ算ありき」

$$2 \times 3 = 6 \Rightarrow 6 \div 2 = \frac{6}{2} = 3$$

$$4 \times 3 = 12 \Rightarrow 12 \div 3 = \frac{12}{3} = 4$$

$$5 \times 1 = 5 \Rightarrow 5 \div 5 = \frac{5}{5} = 1$$

## 0のかけ算の答えは……

それでは、0で割る「割り算」を考えてみましょう。

例えば、「3÷0=?」とは「3は0の何倍か」という計算です。これをかけ算の式で表すと「0×?=3」となります。

つまり、

「0×?=3」→「3÷0=?」ということです。

さて、このかけ算の式を眺めて「?」にどんな数が入るかを考えてみましょう。0に何かをかけると3になる——。そんな数は存在しません。

そうです、「3÷0」の答えは「ない」ということです。

次にもう一つ、0を0で割る計算があります。

「0÷0」です。これまでと同じようにかけ算の式を探してみましょう。

「(かけ算の式)」→「0÷0=?」

すると「(かけ算の式)」は、「0×?=0」です。

さあ、「?」に当てはまる数はあるでしょうか。
今度は、たくさんあります。

0×0＝0
0×1＝0
0×2＝0
0×3＝0
…

「?」にはどんな数でも当てはまるということですね。
すると、
0÷0＝0
0÷0＝1
0÷0＝2
0÷0＝3

…


ということになってしまいます。

つまり「0÷0」の答えは「無数にある」となるのです。

## 「0で割ってはいけない」の正体

「6÷3」は、「＝《イコール》2」と、答えが一つに定まるからこそ割り算として意味があるのです。これは割り算に限らず、すべての計算についていえることです。

「3＋5」「6－4」「8×3」のいずれも答えが一つに決まります。「$a$÷0」という計算は、「答えが一つに定まらない」ということなのです。

これが「0で割ってはいけない」の正体です。

これを数学では「計算（演算）が定義されない」といい、次頁の図のようになります。

「計算が定義されない」なんて、これまで聞いたことがなかったかもしれません。それは無理もないことで、小学校から習う計算のすべては「定義できる」ものしか扱ってい

## ◆「$a \div 0$」は定義されない！

「$a$ が 0 以外の場合」➡「$a \div 0$」の答えは一つもない。

「$a$ が 0 の場合」➡「$a \div 0$」の答えは無数にある。

よって、「$a \div 0$」は定義されない。

ないからです。

私たちが学校で学んできた算数や数学には、次のような言葉が省略されていました。

「今から皆さんがチャレンジするこの計算は、このようにきちんと定義されています。さぁ、安心して計算していいですよ」

「0で割る計算」は、その言葉に表されない前提を教えてくれるいい題材です。

だからこそ「どうして0で割ってはいけないんですか？」という質問は大切だったのです。

# 赤い糸で結ばれた数たち

## たった47個しか見つかっていない完全数

「6」「28」「496」のように、自分自身を除いた約数すべての和が自分と等しい数を「完全数」といいます。無限にある自然数の中に「完全数」はまだ47個しか発見されていません。「完全数」を探索する困難さは、素数探査の困難さに関係しています。

▼完全数

6＝1＋2＋3＋~~6~~

28＝1＋2＋4＋7＋14＋~~28~~

496＝1＋2＋4＋8＋16＋31＋62＋124＋248＋~~496~~

## ペアになる友愛数

「完全数」に対して「友愛数」とは、「自分自身を除く約数すべて」がお互いを構成する数のペアのことです。

▼友愛数

220の約数の和＝1＋2＋4＋5＋10＋11＋20＋22＋44＋55＋110＋~~220~~＝284

284の約数の和＝1＋2＋4＋71＋142＋~~284~~＝220

1184の約数の和＝1＋2＋4＋8＋16＋32＋37＋74＋148＋296＋592＋~~1184~~＝1210

1210の約数の和＝1＋2＋5＋10＋11＋22＋55＋110＋121＋242＋605＋~~1210~~＝1184

## 数は踊る？　社交数

さらに、次のような「社交数」（12496，14288，15472，14536，14264）という数もあります。最初の「12496」の約数の和が「14288」となり、その「14288」の約数の和が「15472」となり、最後は「14264」の約数の和が最初の「12496」になります。つまり「社交数」は、ぐるっと一回りする関係です。

▼社交数

12496の約数の和＝1＋2＋4＋8＋11＋16＋22＋44＋71＋88＋142＋
176＋284＋568＋781＋1136＋1562
＋3124＋6248＝14288

14288の約数の和＝1＋2＋4＋8＋16＋19＋38＋47＋76＋94＋152＋
188＋304＋376＋752＋893＋1786＋

3572＋7144＋~~14288~~＝15472

15472の約数の和＝1＋2＋4＋8＋16＋967＋1934＋3868＋7736＋~~15472~~＝14536

14536の約数の和＝1＋2＋4＋8＋23＋46＋79＋92＋158＋184＋316＋632＋1817＋3634＋7268＋~~14536~~＝14264

14264の約数の和＝1＋2＋4＋8＋1783＋3566＋7132＋~~14264~~＝12496

## 数同士の関係を見つける

これらは、「完全数」は「一つ」の数、「友愛数」は「ペア」、それ以上の組が「社交数」というように、約数の和を考えて数同士の関係を見つけようとする考え方です。

「完全数」の名付け親は、古代ギリシャのユークリッド（前三三〇頃～前二六〇頃）でした。幾何学の父ともよばれるユークリッドは「$2^{n-1}$（$2^n-1$）」が完全数であるための必要十分条件は「$2^n-1$」が素数のときであることを示しています。

「完全数」「友愛数」は、ピタゴラス学派（古代ギリシャ哲学の一派）には知られており、完全数の「6」は「結婚を意味する数」と考えられていました。ピタゴラス学派では、最初の偶数「2」は女性、次の奇数「3」は男性とされており、「6」はこの二つの数の積で表されるからです。

## 婚約数

「完全数」「友愛数」「社交数」には共通の特徴があります。それは、約数の中から自分自身を除いて考えるという点です。自分自身を約数に含めてしまうと、自分自身の大き

## ◆結婚数

「アテネの学堂」のピタゴラス

（BC569 頃～BC497 頃、左上半身が裸の人物）

「アテネの学堂」のユークリッド

（BC325 頃～BC265 頃）

女（2）×男（3）＝結婚（6）

さを超えてしまいますから、自分自身が約数の和に等しいという関係が成り立たなくなるからです。

さて、ここで考えをもう一歩進めてみましょう。すべての自然数の約数は、「1」と「自分自身」を含んでいます。

「完全数」「友愛数」「社交数」が約数から自分自身を除くのであれば、一緒に「1」も除いてみよう――このような考え方を適用したのが「婚約数」です。

▼婚約数

48の約数の和＝~~1~~＋2＋3＋4＋6＋8＋12＋16＋24＋~~48~~＝75

75の約数の和＝~~1~~＋3＋5＋15＋25＋~~75~~＝48

140の約数の和＝~~1~~＋2＋4＋5＋7＋10＋14＋20＋28＋35＋70＋~~140~~＝195

195の約数の和＝~~1~~＋3＋5＋13＋15＋39＋65＋~~195~~＝140

1050の約数の和＝~~1~~＋2＋3＋5＋6＋7＋10＋14＋15＋21＋25＋30＋35＋42＋50＋70＋75＋105＋150＋175＋210＋350＋525＋~~1050~~＝1925

1925の約数の和＝~~1~~＋5＋7＋11＋25＋35＋55＋77＋175＋275＋385＋~~1925~~＝1050

このように、（48，75）を最小の「婚約数」の組として、次に（140，195）、（1050，1925）と続いていきます。

## 人間は数の仲人

仲人は見知らぬ二人を引き合わせます。出会った二人はお互いを知り、ほどなく結婚に至り、めでたし、めでたしと仲人の仕事は終わります。結ばれた二人は幸せであればあるほど、ずっと前から赤い糸で結ばれていたと確信します。

しかし、いくら赤い糸で結ばれている二人でも、自力でこの世で出会うことは簡単ではありません。それどころか、自分たちでその赤い糸をたぐり寄せる力はないのかもしれません。赤い糸が見えるという特殊な能力を持った仲人だけが確実に二人を引き合わせることができるのです。

（220，284）のような「友愛数」の組は、お互いに赤い糸で結ばれていることを知りませんでした。そこには、仲人となる人間が必要だったのです。

計算という特殊な能力を持った人間、それも高度な計算能力を持った数学者にその栄えある任が与えられました。スイスのレオンハルト・オイラー（一七〇七～一七八三）は、数たちにとっては最高の仲人です。オイラー以前、「友愛数」はわずか三組しか発見されていませんでした。しかし、オイラーはたった一人で五九組もの縁談を成功させたのですから。

## オイラーでさえも悩んだ難問

ちなみに、「友愛数」の組は（220，284）、（1184，1210）のように偶数

**レオンハルト・オイラー**
（1707～1783）

同士です。偶数と奇数の「友愛数」の組は発見されていません。これまでに発見された「完全数」は、すべてが偶数です。奇数の「完全数」があるのかないのか、それは未だに決着がついていない難問なのです。

解析学で絶大な貢献を果たした天才数学者オイラーでさえも、一七四七年の論文で、この問題の解決の困難さを指摘しているほどです。

## 男女の数字が出会う時

ピタゴラス学派の数の考え方を思い出してください。

偶数の2は、女性。

奇数の3は、男性でした。

偶数同士の組み合わせによる友愛数は、つまり女性同士。ですから、結婚ではなく友愛がふさわしいネーミングといえるでしょう。

また、「完全数」が、ことごとく偶数、つまり女性であることは、文句なくうなずける気がしませんか。生物の原型である女性は「完全」な存在として生まれてくるのですから。

そして「婚約数」の組は、(48、75)(140、195)(1050、1925)のように、偶数と奇数、つまり女性と男性のペアでした。

つまり、これは「結婚数」と名付けてもいいかもしれません。

数はじっと待ち続けています。

人間という仲人に見つけられる日を、ただ静かに。

いつか出会う数…。
ロマンティックだね

# クラスに同じ誕生日の人がいる確率

**確率ってなに？**

入学したての頃やクラス替えがあったとき、知らない顔ばかりに囲まれて緊張したことは、きっと誰にでもあったでしょう。

ぎこちない会話の中、話題の入り口として、新しい友だちと誕生日を確認しあったことも、大人になった今では懐かしい思い出です。もし、話しかけた新しい友だちが同じ誕生日だったら二人ともびっくりしたことでしょう。「めったに起こらないことが起きた！」と思うからです。

出来事の起こりやすさを表すのが「確率（たしからしさ）」という数です。よく起きることは「確率が高い」、めったに起きないことは「確率が低い」といいます。

必ず起きることは「確率一」（一〇〇％）で、まったく起きないことは「確率〇」

### ◆クラスに少なくとも1組の同じ誕生日の人がいる確率の求め方

**クラスに少なくとも1組の同じ誕生日の人がいる確率**

＝

1 − **全員が違う誕生日になる確率**

（〇％）です。雨が降る確率「降水確率」が八〇％だったら、多くの人は傘を持って出かけますが、三〇％だったら傘を持っていくべきかどうか迷うかもしれません。

**誕生日が同じになる確率を計算**

さて、一年三百六十五日のどの日に生まれるかは、偏りがないということを前提に、「クラスに同じ誕生日の人がいる確率」を計算してみましょう。

まず、全員が違う誕生日になる確率を求めます。

二人目が、一人目と異なる誕生日になる確率は三六五分の三六四です。三人目が先の二

### ◆全員が違う誕生日になる確率は？

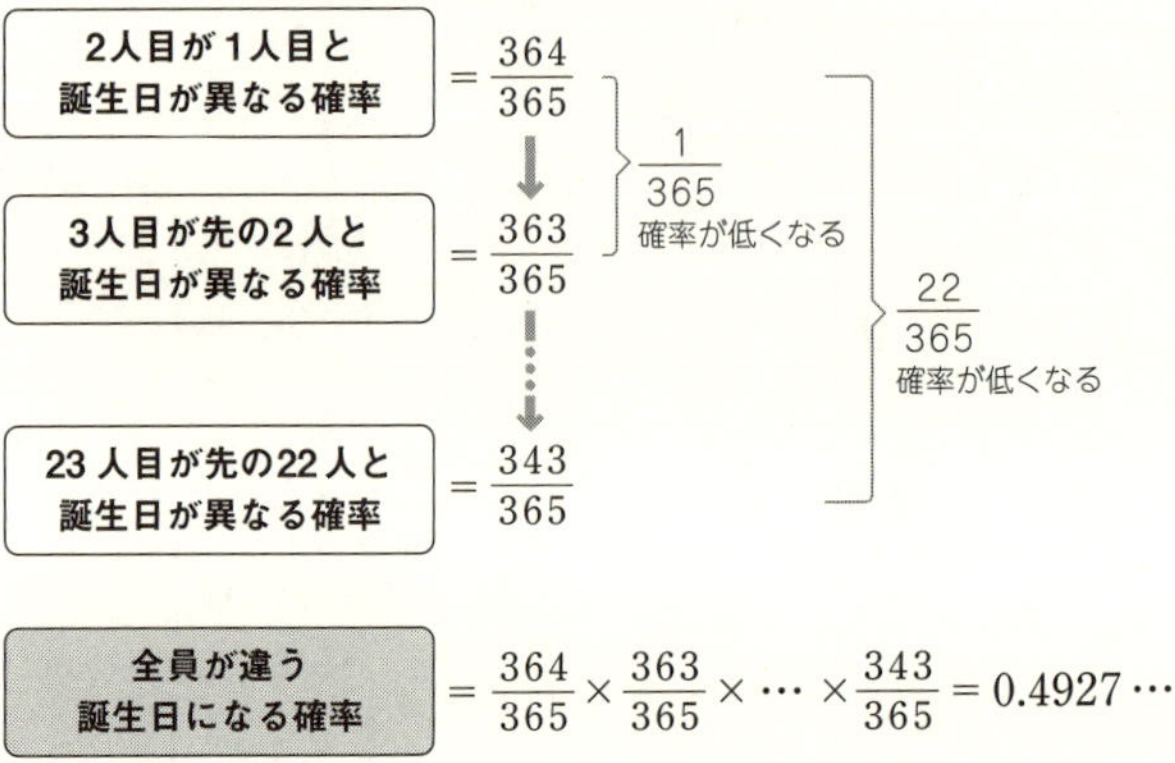


人と異なる誕生日になる確率は、三六五分の三六三です。

そうすると、一クラス二三人の場合、二三人目の人が先の二二人と誕生日が異なる確率は三六五分の三四三となります。

全員が違う誕生日になる確率は、それぞれの確率をかけて、「$\frac{364}{365} \times \frac{363}{365} \times \cdots \times \frac{343}{365}$＝0・4927…」と計算されます。

この逆を考えると、「クラスに少なくとも一組の同じ誕生日の人がいる確率」は、「一－〇・四九二七＝〇・五〇七三」となります。これは五割を超えていますね。

仮に二三人のクラスが学年に四つあれば、

## ◆クラスに少なくとも1組の同じ誕生日の人がいる確率は?

$$1 - 0.4927 = 0.5073$$

約50.7%ということは……
2クラスに1組は
同じ誕生日の人がいる！

そのうちの五割、つまり二クラスに同じ誕生日の人がいることを意味します。

クラスの人数が増えると、「クラスに少なくとも一組の同じ誕生日の人がいる確率」が高くなります。

それでは、実際にどの程度高くなるのでしょうか。同じように計算してみましょう。

クラスの人数が三五人を超えると、確率は八割を超えるので、同じ誕生日の人が同じクラスにいることは、全然珍しいことではなくなります。

もしクラスに五七人いれば、その確率はなんと九九%になります。

## ◆クラスの人数が増えると……

＊35人の場合

全員が違う誕生日になる確率 $= \dfrac{364}{365} \times \dfrac{363}{365} \times \cdots \times \dfrac{331}{365} = 0.1856\cdots$

クラスに少なくとも１組の同じ誕生日の人がいる確率 $= 1 - 0.1856 = 0.8144$

約 81.4％！

＊57人の場合

全員が違う誕生日になる確率 $= \dfrac{364}{365} \times \dfrac{363}{365} \times \cdots \times \dfrac{309}{365} = 0.0099\cdots$

クラスに少なくとも１組の同じ誕生日の人がいる確率 $= 1 - 0.0099 = 0.9901$

約 99％！

## ◆クラスに少なくとも１組の同じ誕生日の人がいる確率

| クラスの人数（人） | 25 | 28 | 30 | 33 | 35 | 38 | 40 | 57 |
|---|---|---|---|---|---|---|---|---|
| 確率 | 57% | 65% | 71% | 77% | 81% | 86% | 89% | 99% |

クラスの人数が増えるにつれて、
確率はどんどん高くなる！

## 数学的には高い確率で起こりうる

子どもの頃には「クラスの誰かと誰かの誕生日が同じであること」は、どこか特別で、めったにない神秘的なものに感じられました。

しかし、数学的に見れば、実はそれはかなり高い確率で「起こりうること」でした。無邪気に驚いていた当時のことを思い出すたびに、どこかほほえましいような懐かしい気持ちになります。

同じ誕生日で
運命を感じてたのに
めずらしくないんだ……

# いままで何秒生きてきた⁉

## 年齢を秒数で考える

「年齢はお幾つですか?」と聞かれて単位を「秒」で答える人はいません。ほとんどの人が「年(○○歳)」で答えます。それがわかりやすいからです。秒で年齢を答えられてもピンときません。

私たちは毎日、一秒、一秒という時を刻みながら生きています。過ぎ去った時間に想いを馳せるために、生まれてから今日まで何秒生きてきたかを考えてみましょう。

一日は二十四時間、一時間は六十分、そして一分は六十秒です。一日の秒数は二十四(時間)×六十(分)×六十(秒)=八万六千四百(秒/日)となります。

さらに一年は三百六十五日なので、八万六千四百(秒/日)×三百六十五(日)=

◆ちょうど1億秒はいつ？

1,157日から
1,158日になる間に、
ちょうど1億秒！

100,000,000（秒）÷ 86,400（秒／日）＝ 1,157.4…（日）

↓

1,157（日）＝ 365（日）× 3（年）＋ 30（日）× 2（カ月）＋ 2（日）

三千百五十三万六千（秒／年）と計算できます。

この計算をもとに、生きてきた時間の長さを秒で表してみましょう。もちろん正確な計算は「うるう年」や「一カ月が三十日か三十一日か」を考えなければなりませんが、ここでは「一年は三百六十五日」「一カ月は三十日」と簡略化して計算します。

## 一億秒は何歳？

例えば、三歳の子は何秒生きてきたのでしょうか。

三千百五十三万六千（秒／年）×三（年）＝九千四百六十万八千（秒）となります。ほぼ一億秒です。子どもの頃、お風呂の中で数える十秒はとても長く感じたことでしょう。それに比べると、一億秒は気の遠くなるような時間です。たった三歳でも、秒に直すとこんなに生きているのですね。

それでは、ちょうど一億秒の時はいつになるか計算してみましょう。一億(秒)÷八万六千四百(秒/日)=千百五十七・四…(日)となることから、千百五十七日から千百五十八日へと日付が変わる間に一億秒を超えるということです。

千百五十七日は、三百六十五(日)×三(年)+三十(日)×二(カ月)+二(日)ですから、およそ「三歳二カ月と二日」となります。もし小さいお子さんがいらっしゃれば、この日に「誕生後一億秒記念パーティ」を開くのも面白いかもしれません。

**さまざまな年齢を秒数変換**

こうして計算していくと、小学校を卒業するまでの十二年間は、三億七千八百四十三万二千秒、成人式を迎える二十歳では六億三千七十二万秒となります。

六十歳の還暦では十八億九千二百十六万秒、七十七歳の喜寿では二十四億二千八百二十七万二千秒、百歳では三十一億 五千三百六十万秒と、とてつもなく大きな数になっていきます。

### ◆人生の節目は何秒？

| | |
|---|---|
| 小学校を卒業するのは…… | 31,536,000（秒／年）×12（年）＝378,432,000（秒） |
| 成人式（20歳）を迎えるのは…… | 31,536,000（秒／年）×20（年）＝630,720,000（秒） |
| 還暦（60歳）を迎えるのは…… | 31,536,000（秒／年）×60（年）＝1,892,160,000（秒） |
| 喜寿（77歳）を迎えるのは…… | 31,536,000（秒／年）×77（年）＝2,428,272,000（秒） |
| 100歳を迎えるのは…… | 31,536,000（秒／年）×100（年）＝3,153,600,000（秒） |

ちなみに、十億秒をカウントするのは三十一歳八カ月十九日、二十億秒をカウントするのは六十三歳五カ月三日、三十億秒をカウントするのは九十五歳一カ月十七日となります。

ぜひ皆さんも「自分は何秒生きたか」を計算してみてください。なんでもない日が、実は何億秒かの記念日になっているかもしれません。

同じ時間の長さでも、年でとらえるか、秒でとらえるかで感じ方がまったく違うと思いませんか。

時には、時間の大切さを秒でかみしめてみてはいかがでしょうか。

### ◆ぴったりの秒数になるのはいつ？

**10億秒を数えるのは**

1,000,000,000（秒）÷ 86,400（秒／日）＝ 11,574.07…（日）

↓

11,574（日）＝ 365（日）× 31（年）＋ 30（日）× 8（カ月）＋ 19（日）

**31歳8カ月19日**

**20億秒を数えるのは**

2,000,000,000（秒）÷ 86,400（秒／日）＝ 23,148.14…（日）

↓

23,148（日）＝ 365（日）× 63（年）＋ 30（日）× 5（カ月）＋ 3（日）

**63歳5カ月3日**

**30億秒を数えるのは**

3,000,000,000（秒）÷ 86,400（秒／日）＝ 34,722.22…（日）

↓

34,722（日）＝ 365（日）× 95（年）＋ 30（日）× 1（カ月）＋ 17（日）

**95歳1カ月17日**

## ◆年齢と秒数の早見表

| 年齢 | 生きた秒数 |
|---|---:|
| 1歳 | 31,536,000 |
| 3歳 | 94,608,000 |
| 3歳2カ月2日 | 100,000,000 |
| 10歳 | 315,360,000 |
| 12歳 | 378,432,000 |
| 20歳 | 630,720,000 |
| 30歳 | 946,080,000 |
| 31歳8カ月19日 | 1,000,000,000 |
| 40歳 | 1,261,440,000 |
| 50歳 | 1,576,800,000 |
| 60歳（還暦） | 1,892,160,000 |
| 63歳5カ月3日 | 2,000,000,000 |
| 70歳 | 2,207,520,000 |
| 77歳（喜寿） | 2,428,272,000 |
| 80歳 | 2,522,880,000 |
| 88歳（米寿） | 2,775,168,000 |
| 90歳 | 2,838,240,000 |
| 95歳1カ月17日 | 3,000,000,000 |
| 100歳 | 3,153,600,000 |
| 110歳 | 3,468,960,000 |
| 120歳 | 3,784,320,000 |

1億秒突破！

10億秒突破！

20億秒突破！

30億秒突破！

○○秒突破だね
おめでとう!!
for you

# 回文数《かいぶんすう》は鏡の世界のように

## 逆さから読んでも同じ数

「新聞紙（しんぶんし）」のように、前から読んでも後ろから読んでも同じ文を回文《かいぶん》といいますね。そして、「12321」のように前から読んでも後ろから読んでも同じ数は「回文数《かいぶんすう》」といいます。

一桁の数から回文数を調べてみましょう。一桁の数「0、1、2、3、4、5、6、7、8、9」の一〇個がすべて回文数になるのは当たり前です。「0」は前後のいずれから読んでも「0」です。

そこで、二桁の数から回文数になるものを調べてみました。すると、「11、22、33、44、55、66、77、88、99」の九個が見つかりました。

三桁の数は「101、111、121、131、141、151、161、171、181、

191、202、212、222、232、242、252、262、272、282、292、……、909、919、929、939、949、959、969、979、989、999」です。

一〇〇から一九九まで一〇個、二〇〇から二九九まで一〇個…というように、それぞれ一〇個ずつ回文数があるので、一〇〇から九九九までは全部で九〇個(一〇個×九)になります。

さて、回文数を数え続けましょう。

四桁の数は「1001、1111、1221、1331、1441、1551、1661、1771、1881、1991」というように、一〇〇〇から一九九九までの中に一〇個あります。

回文数の個数は、三桁の数の場合と同じです。したがって、九九九九までの中に九〇個あることになります。

それでは、さらに大きな五桁の数はどうなるでしょうか?「まず一万から二万までの数字を順番に調べる」と考えた人がいるかもしれません。しかし、一つずつ調べるに

**◆5桁の数の回文数の個数は……**

**10,001から19,991までの回文数の個数**
**＝000から999までの回文数の個数**

000、010、020、030、040、050、060、070、080、090（10個）
101、111、121、131、141、151、161、171、181、191（10個）
⋮
909、919、929、939、949、959、969、979、989、999（10個）
→ 100個（10個×10）

**20,002から29,992までの回文数の個数** —— 100個
⋮
**90,009から99,999までの回文数の個数** —— 100個

→ 合計 900個（100個×9）

は数が大きすぎます。ここで注目すべきは「十、百、千の位」です。

まず「１０００１」から「１９９９１」までを数えてみましょう。

これは「０００」から「９９９」までの回文数の数と同じになります。

「０００から０９０」までは「０００、０１０、０２０、０３０、０４０、０５０、０６０、０７０、０８０、０９０」の一〇個があります。

先ほど調べた三桁の数には「１０１から１９１」、「２０２から２９２」、……、「９０９から９９９」まで、回文数はいずれも一〇個ずつ、計九〇個あります。したがっ

て合わせて一〇〇個（一〇個＋九〇個）あることになります。

すると、「20002から29992」「30003から39993」……「90009から99999」には、どれも一〇〇個ずつあるので、その合計は九〇〇個（一〇〇個×九）あることがわかりました。

**「回文数」は、数が続く限り……**

回文数は、数が続く限り、存在し続けます。

そんな回文数を眺めていると――まるで鏡の世界に迷い込んでしまったような――ふしぎな気持ちにさせられます。

# 清少納言知恵の板と正方形パズル

## 正方形に囲まれて暮らす私たち

折り紙、ハンカチ、スカーフ、はんぺん、ワッフル、キーボードのキー、スマートフォンのアイコン、こたつ、障子の格子、床や壁のタイル、洋服のチェック柄——。気が付けば、私たちは正方形に囲まれています。

そもそも正方形とはどのような形なのでしょうか。「四辺がすべて等しく、四隅の角度はすべて直角（＝九〇度）である四角形」といえるでしょう。

さらに他にも、正方形には「同じ長さ」「直角」が隠れています。それはどこにあるのでしょうか。正方形に二本の対角線を引いてみましょう。「対角線は直角に交わり、その長さは同じである」ことがわかりますね。正方形の「一辺の長さと対角線の長さの比」は、「１：$\sqrt{2}$（＝約一・四一）」となります。

正方形のこの性質を利用して、頭の体操をしてみましょう。さらなる正方形の秘密に迫れるはずです。

◆正方形の縦と横、対角線の比

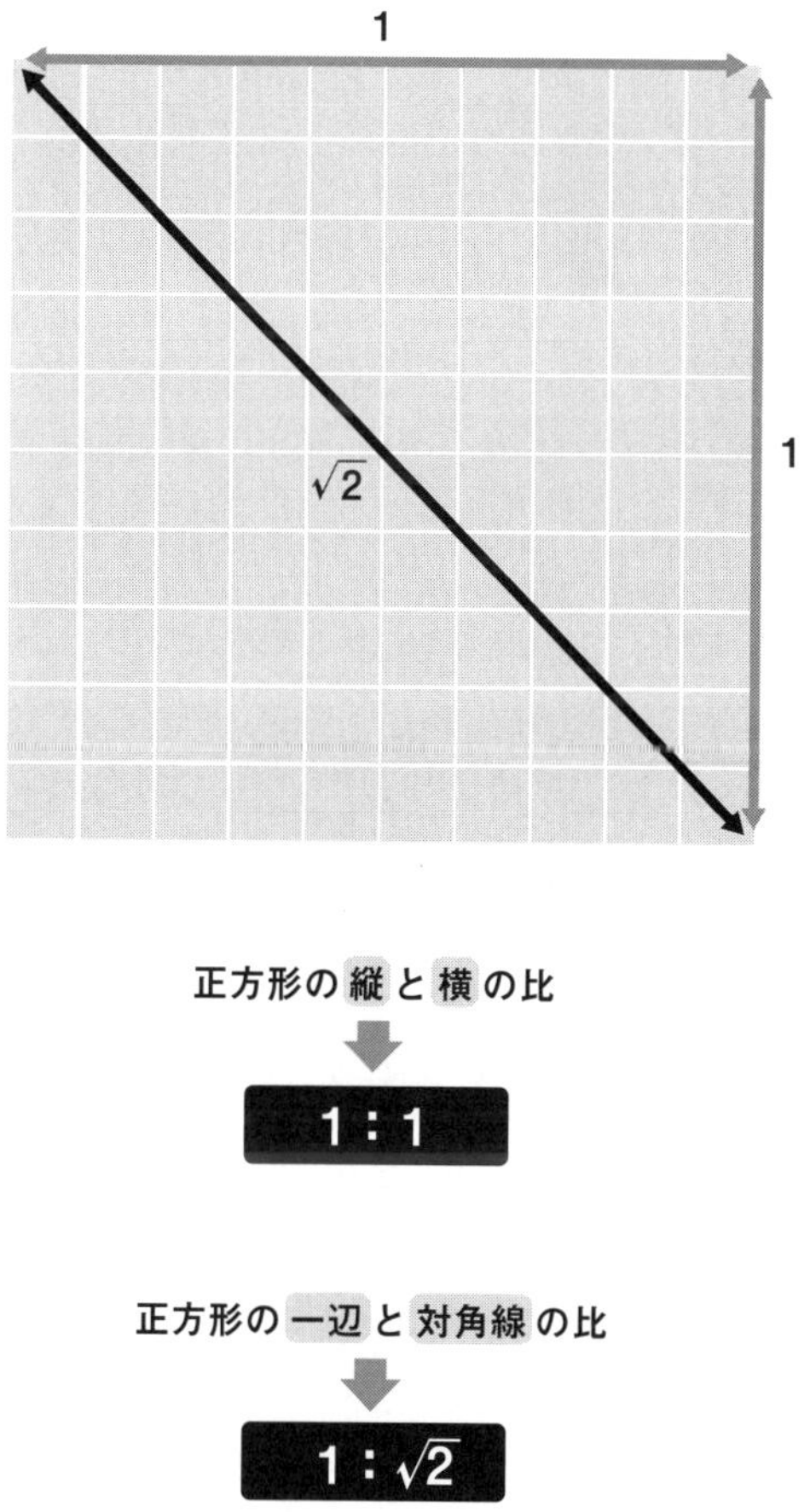

## 長方形から正方形をつくる①

それでは、正方形をつくる謎解きに挑戦してみましょう。さっそく問題です。

**Q.** 横と縦の長さがそれぞれ一メートル、二メートルの布があります。この布を適当に切り分け、それらを並びかえて正方形をつくるにはどうしたらいいでしょうか。二通りの方法を考えてください。

### ◆長方形から正方形をつくる①

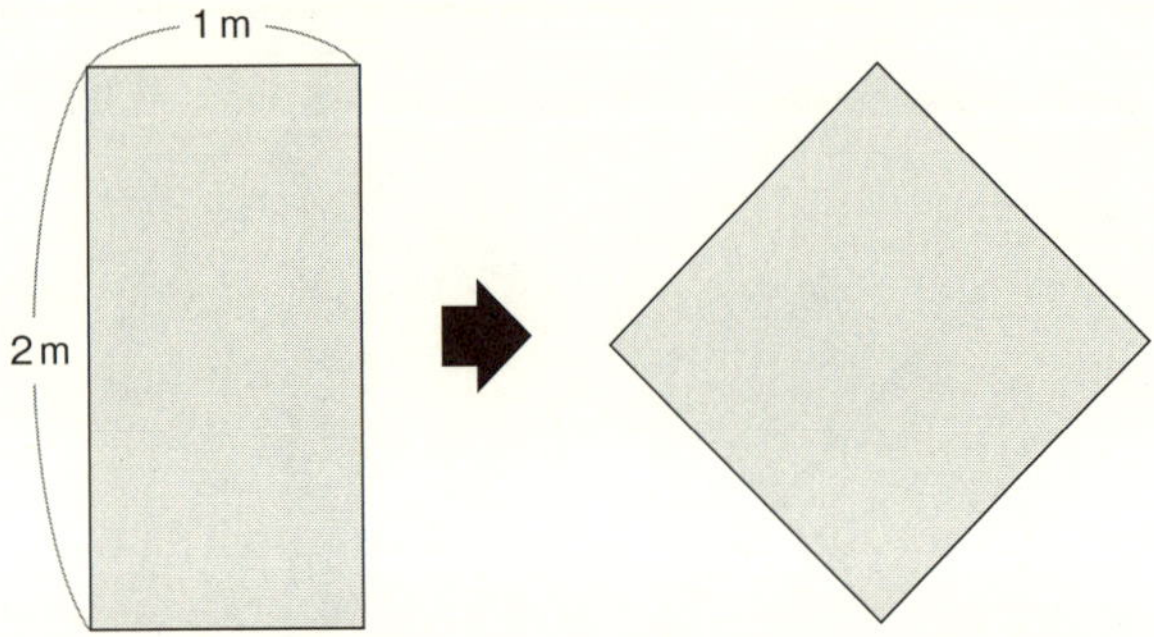


ヒント１：正方形を斜めにすると……
ヒント２：三つに裁断する方法と四つに裁断する方法がある

## ◆長方形から正方形をつくる②

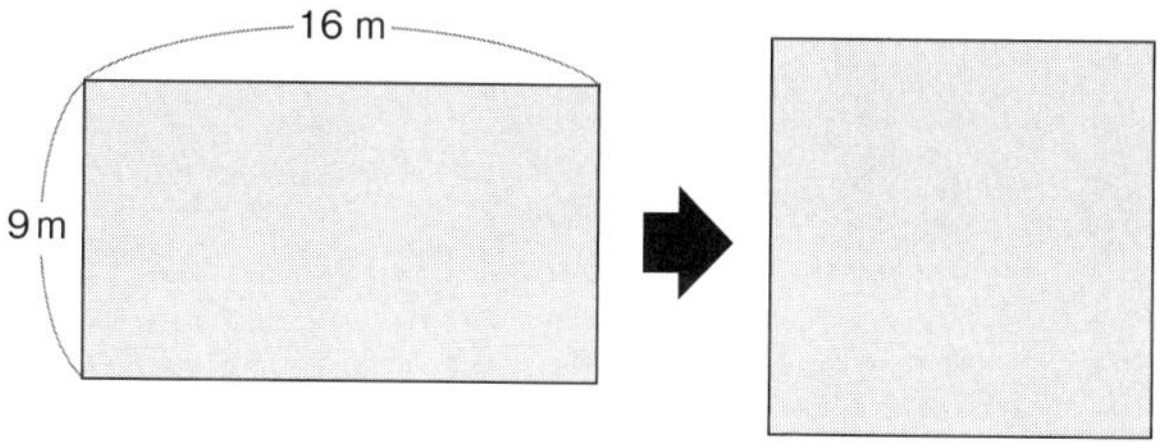


ヒント：小さい長方形を組み合わせるイメージで裁断すると……

## 長方形から正方形をつくる②

**Q.** 横と縦の長さがそれぞれ一六メートル、九メートルの布があります。この布を適当に切り分け、それらを並びかえて正方形をつくるにはどうしたらいいでしょうか。先ほどの問題と似ているようで、考え方はまったく異なります。

◆十字の形から正方形をつくる

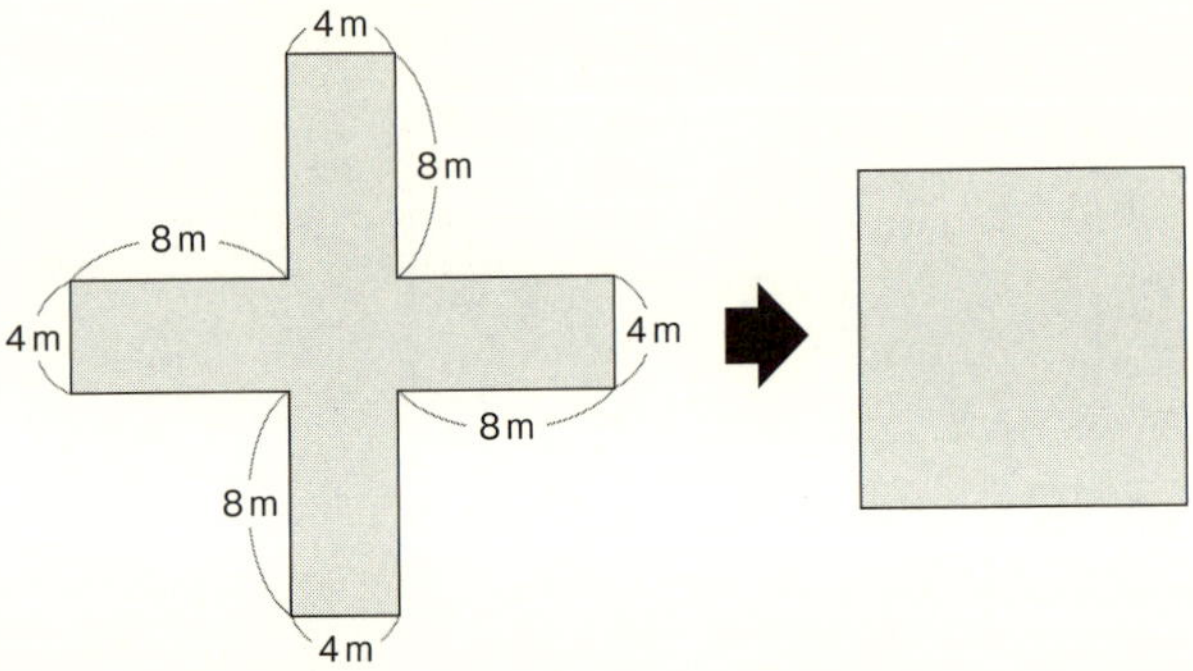


## 十字の形から正方形をつくる

それでは次の問題です。

> **Q.** 上図のような十字の形の布があります。この布を適当に切り分け、それらを並びかえて正方形をつくるにはどうしたらいいでしょうか。

## 江戸で人気の「裁ち合わせ」

実はこれらの問題には江戸時代の人たちもチャレンジしていました。問題が載っている本は『和国知恵較《わこくちえくらべ》』『勘者御伽双紙《かんじゃおとぎそうし》』といいます。

それぞれ一七二七年、一七四三年に書かれた

## ◆解答：長方形から正方形をつくる①

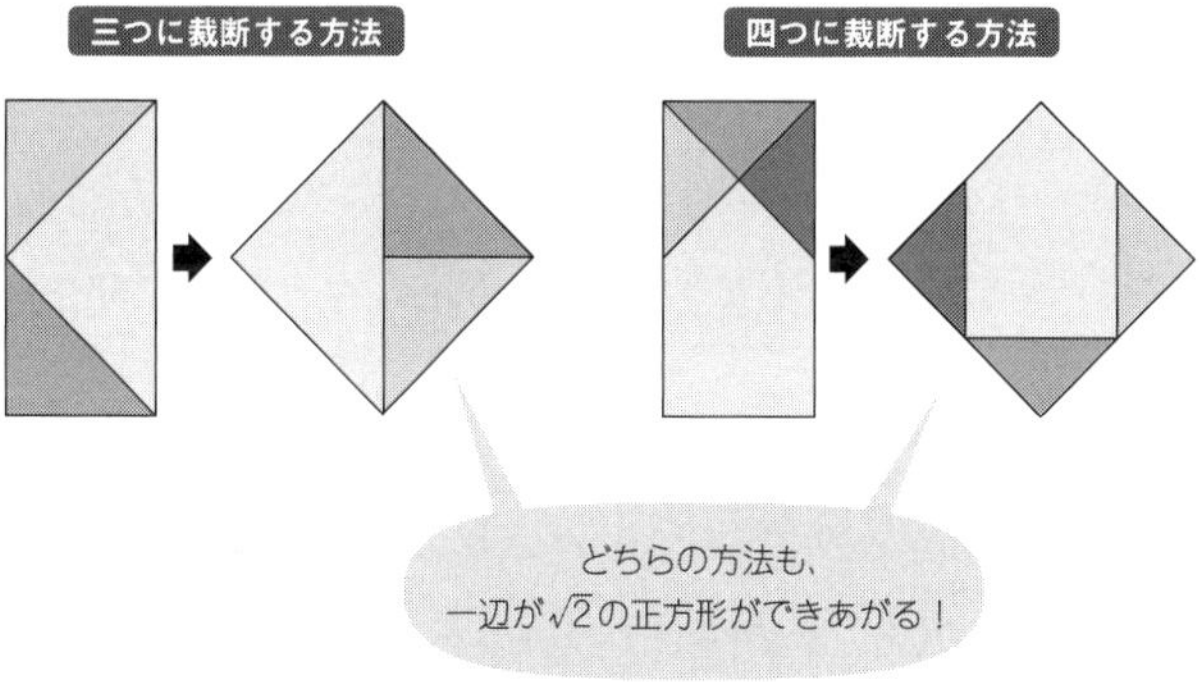
三つに裁断する方法
四つに裁断する方法
どちらの方法も、
一辺が√2の正方形ができあがる！

ので、江戸時代の中頃の本です。

このような問題は「裁ち合わせ」とよばれています。「裁つ」とは、紙や布などを「ある寸法に切ること」。特に衣服に仕立てるために型に合わせて布地を切ることを意味しています。

それでは「裁ち合わせ」の答え合わせです。上と次頁の図を確認してください。

いかがでしょうか。答えがわかってしまえば「なんだ、そうだったのか」と思いますが、なかなか手強い問題が揃っていて悩まされます。

あれこれと考えてみるからこそ面白く、正解したときのうれしさは解いた本人にしか味わえないものです。

## ◆解答：長方形から正方形をつくる②

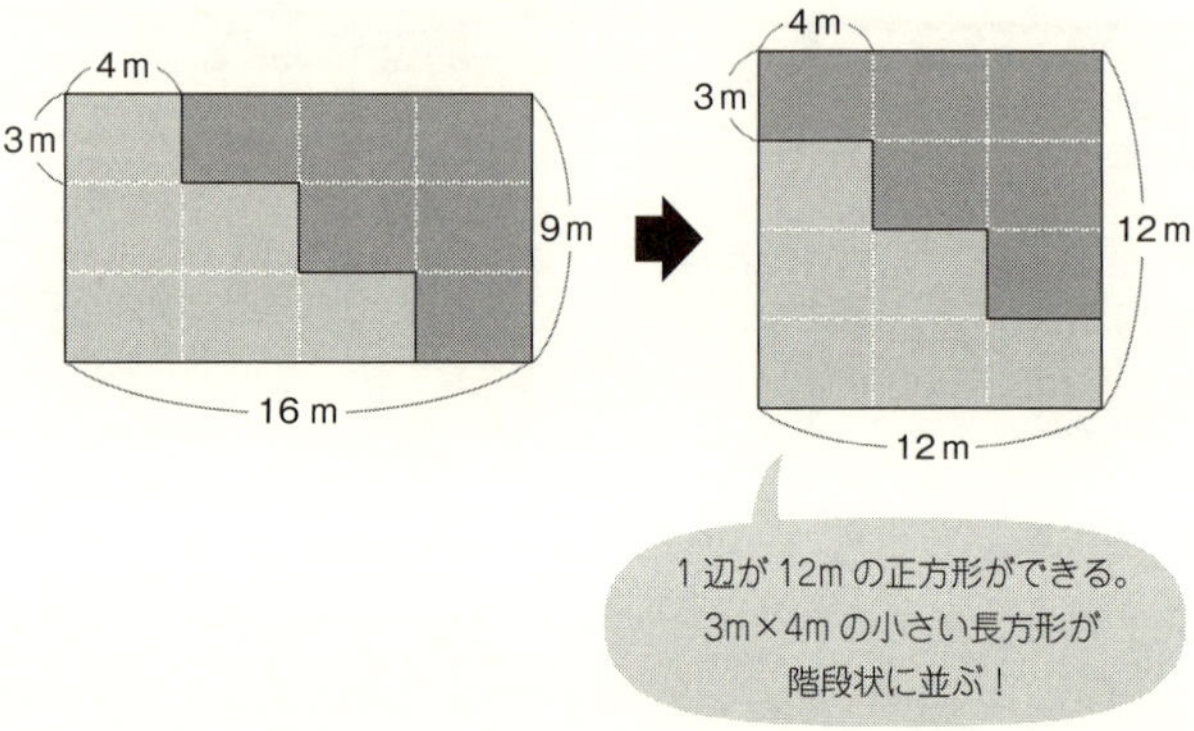


## ◆解答：十字の形から正方形をつくる

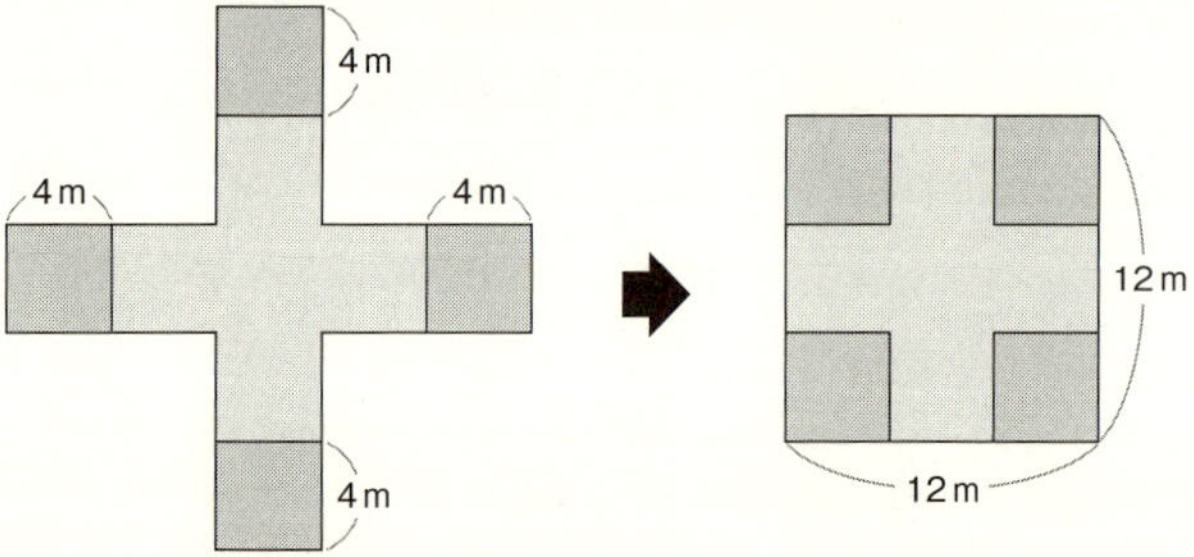

### ◆長方形から正方形をつくる③
（『改算記』）

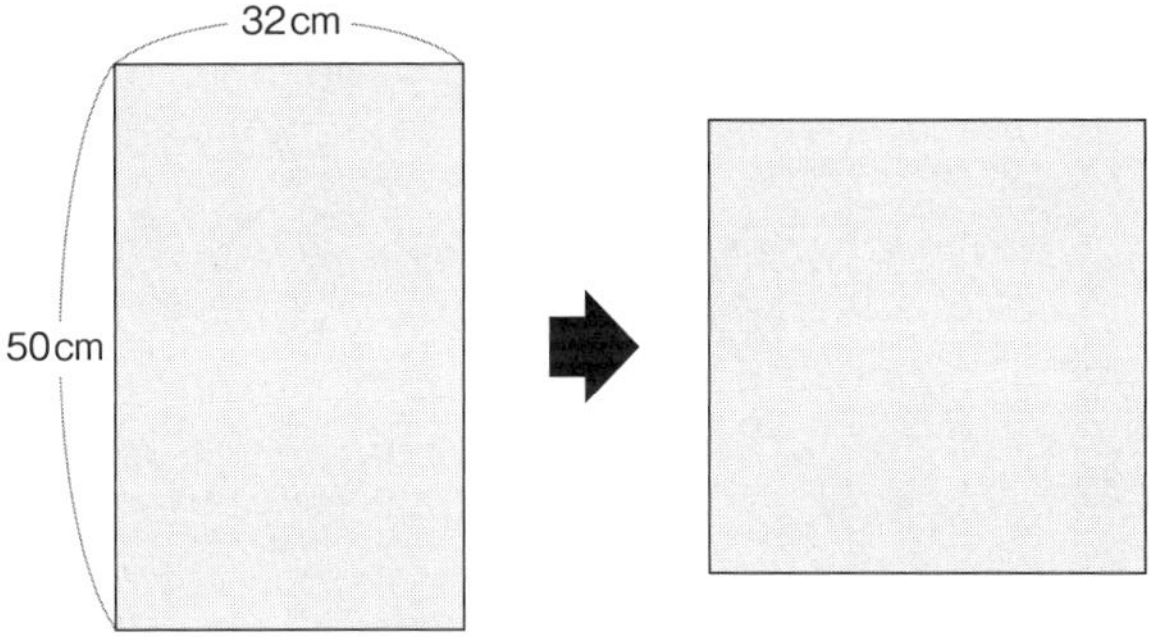


ヒント：元の長方形を小さい長方形に分けてみると……

## 「裁ち合わせ」にチャレンジ

難易度が少しアップした「裁ち合わせ」の問題に挑戦してみましょう。

最初の問題は、江戸時代、一六五九年『改算記《かいさんき》』からです。

**Q.** 横と縦の長さがそれぞれ三二センチメートル、五〇センチメートルの布があります。この布を適当に切り分け、それらを並びかえて正方形をつくるにはどうしたらいいでしょうか。

### ◆長方形から直角二等辺三角形をつくる
（『勘者御伽双紙』）

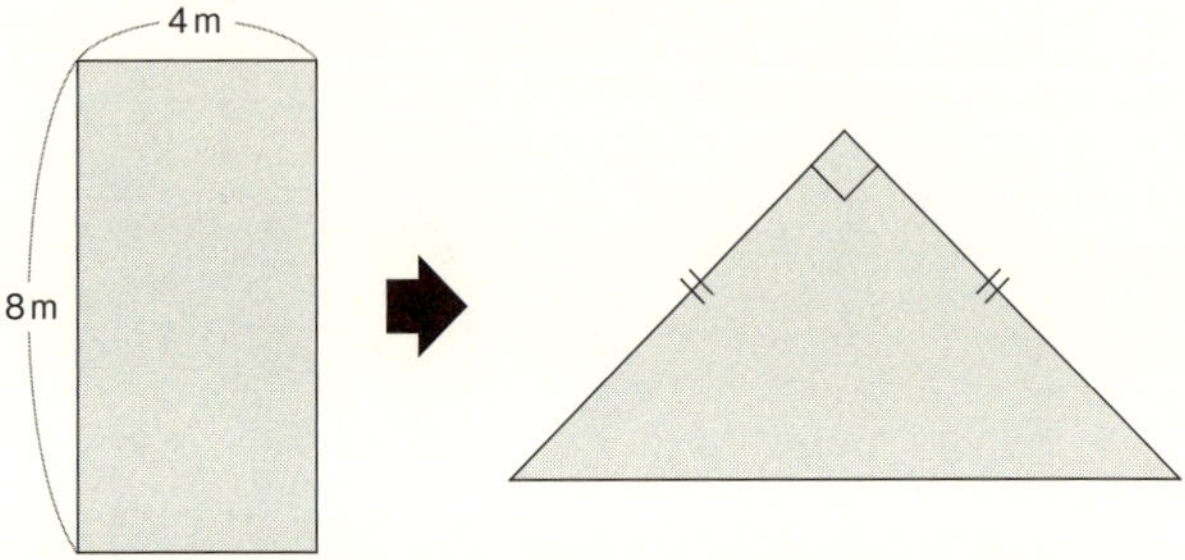


ヒント：「長方形から正方形をつくる①」の切り方を参考にすると……

次の問題は『勘者《かんじゃ》御《お》伽《とぎ》双《そう》紙《し》』からです。

**Q.** 横と縦の長さがそれぞれ四メートル、八メートルの布があります。この布を適当に切り分け、それらを並びかえて直角二等辺三角形をつくってください。直角二等辺三角形とは正方形を対角線で半分にした形です。

それでは答え合わせをしてみましょう。

『改算記』の問題を解くヒントは、長方形の横と縦の長さにあります。

三二センチと五〇センチなので、それぞれ

## ◆解答：長方形から正方形をつくる③（『改算記』）

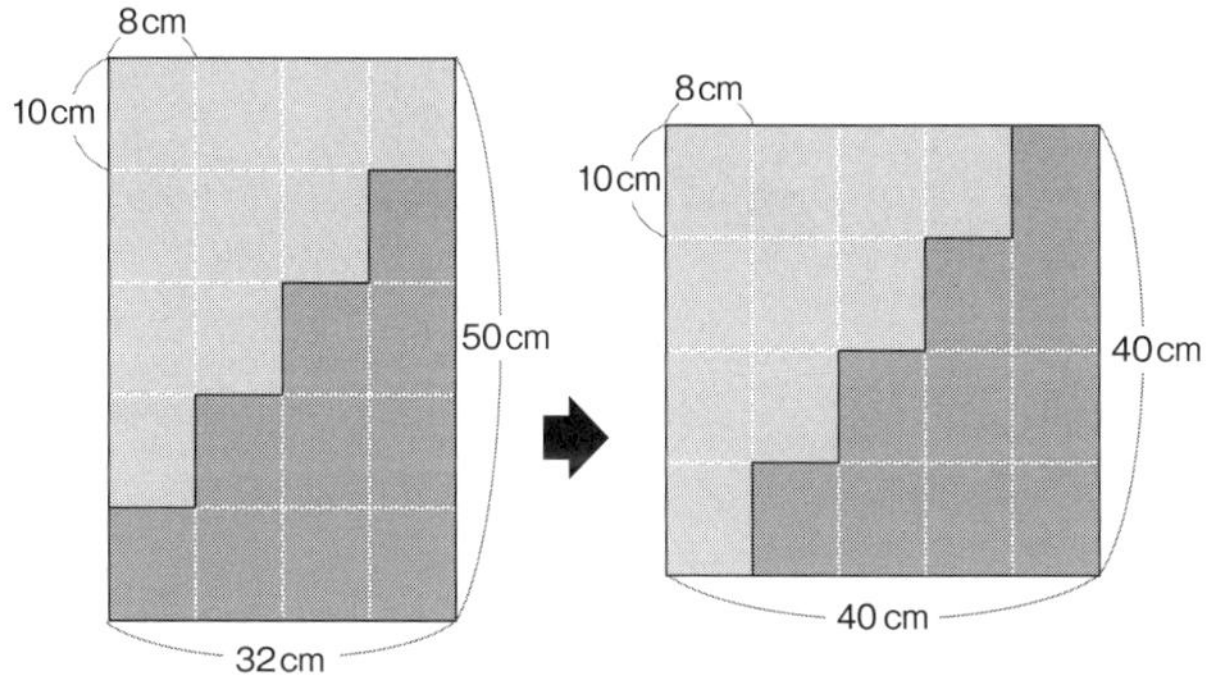


を四等分、五等分すれば八センチ、一〇センチの小さい長方形となります。

上の図のように階段状に切ると同じ形のものが二つできます。それをずらして重ね合わせると、一辺四〇センチの正方形ができあがります。

続いての『勘者御伽双紙』の問題は難しかったかもしれませんね。「長方形から正方形をつくる①」の切り分け方がヒントになっています。

◆解答：長方形から直角二等辺三角形をつくる
（『勘者御伽双紙』）

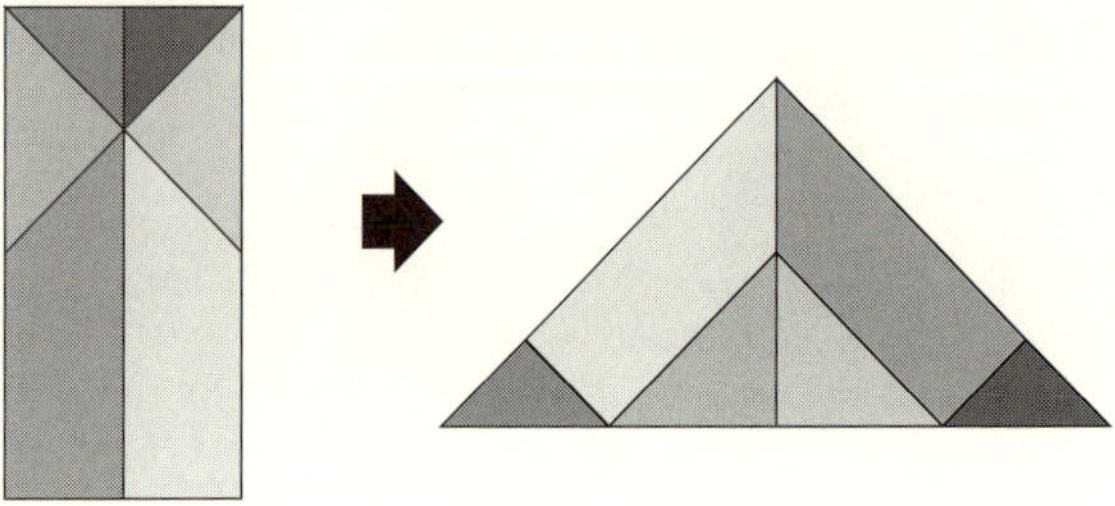

## 江戸のパズル「清少納言知恵の板」

今度は正方形のパズルの紹介です。江戸時代に出された『清少納言知恵の板』という本にある「清少納言知恵の板」です。

『枕草子』で有名な平安時代の作家、歌人の「清少納言」という名前が付いているものの、本当に清少納言がこの知恵の板をつくって遊んでいたということではないようです。賢い女性の代表としてその名が使われたのでしょう。江戸の子どもたちは昔の人に憧れながら、問題にチャレンジして楽しんでいたようです。

このパズルは、正方形を七つの小さな図形に分割してできています。大・小二種類の直角二等辺三角形、正方形、平行四辺形、二種類の台形で

◆「清少納言知恵の板」

◆「清少納言知恵の板」のつくり方

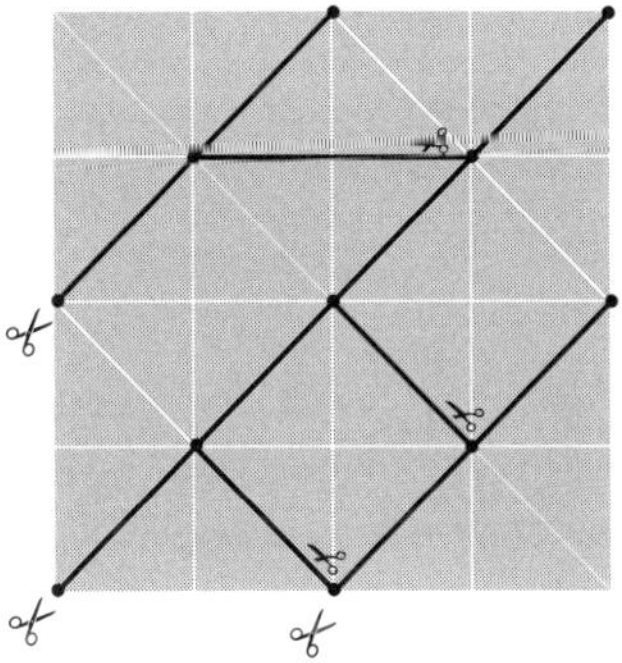

◆「釘ぬき」

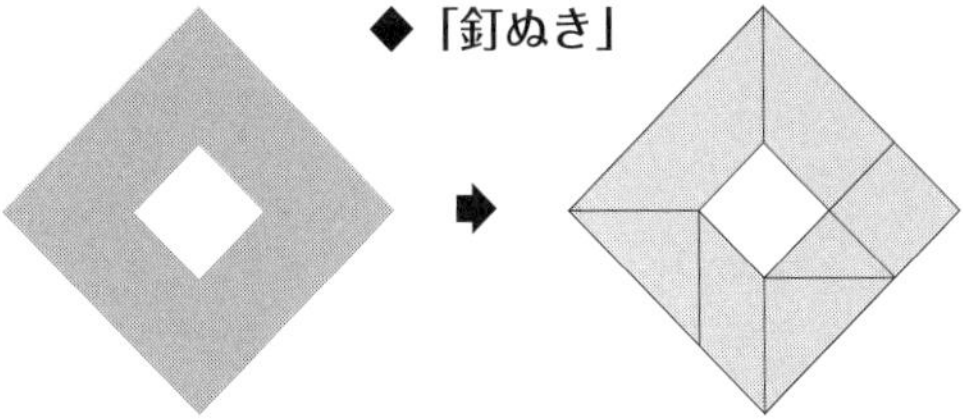

### ◆「清少納言知恵の板」に挑戦！①

ようかん

木

魚

す。この七つの図形を使ってさまざまな形をつくるパズルです。七つの図形は反転させて使うこともできます。

正方形である折り紙を使って、「清少納言知恵の板」をつくりましょう。

「釘ぬき」といわれる問題が『清少納言知恵の板』に紹介されています。うまくつくれるか、まずは試してみてください。

それでは問題です。

**Q.** 上の図の影絵をつくってみてください。

### ◆「清少納言知恵の板」に挑戦！②

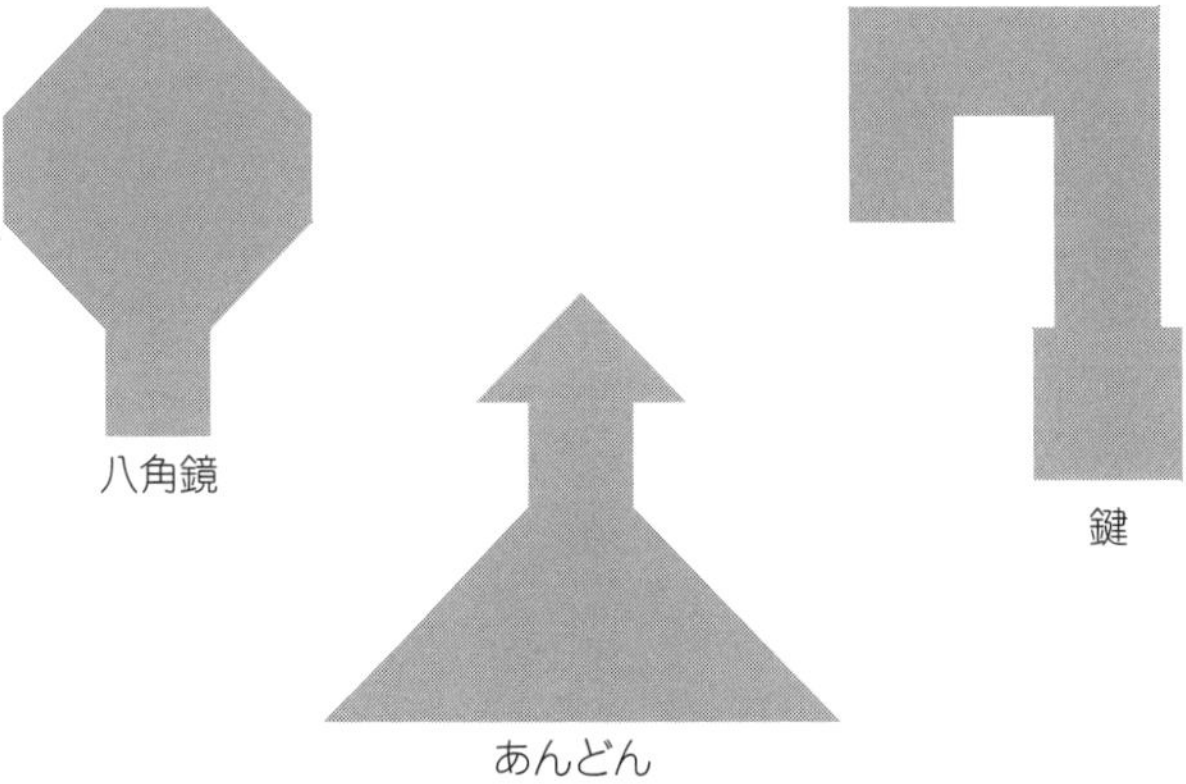


　最初に出版された『清少納言知恵の板』の問題は、平安時代の生活で使われていたものや、身分の高い人のためのものが多かったため、江戸時代の子どもたちにはわかりにくかったそうです。
　そこで一七四二年に出された『清少納言知恵の板』には、江戸の子どもたちにも理解しやすい身近なものが問題として採用されました。それが「八角鏡」「あんどん」「鍵」などです。

**Q.**
上の図の影絵をつくってみてください。

◆「タングラム」と「清少納言知恵の板」の比較

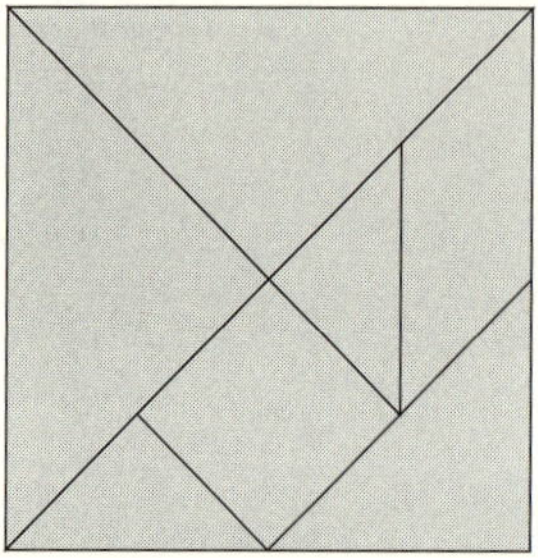

タングラム

清少納言知恵の板

## シルエットパズル「タングラム」

面白いことに、世界には「清少納言知恵の板」によく似たシルエットパズルがあります。発祥は中国といわれており、中国では「七巧図」とよばれています。「七つの巧みな図」という意味です。のちに欧米に渡り、「タングラム」という名称で広まりました。

「清少納言知恵の板」と同じく正方形を七つの図形に分割しますが、二つを比べてみると、その方法が異なっていることがわかります。

◆「タングラム」に挑戦！

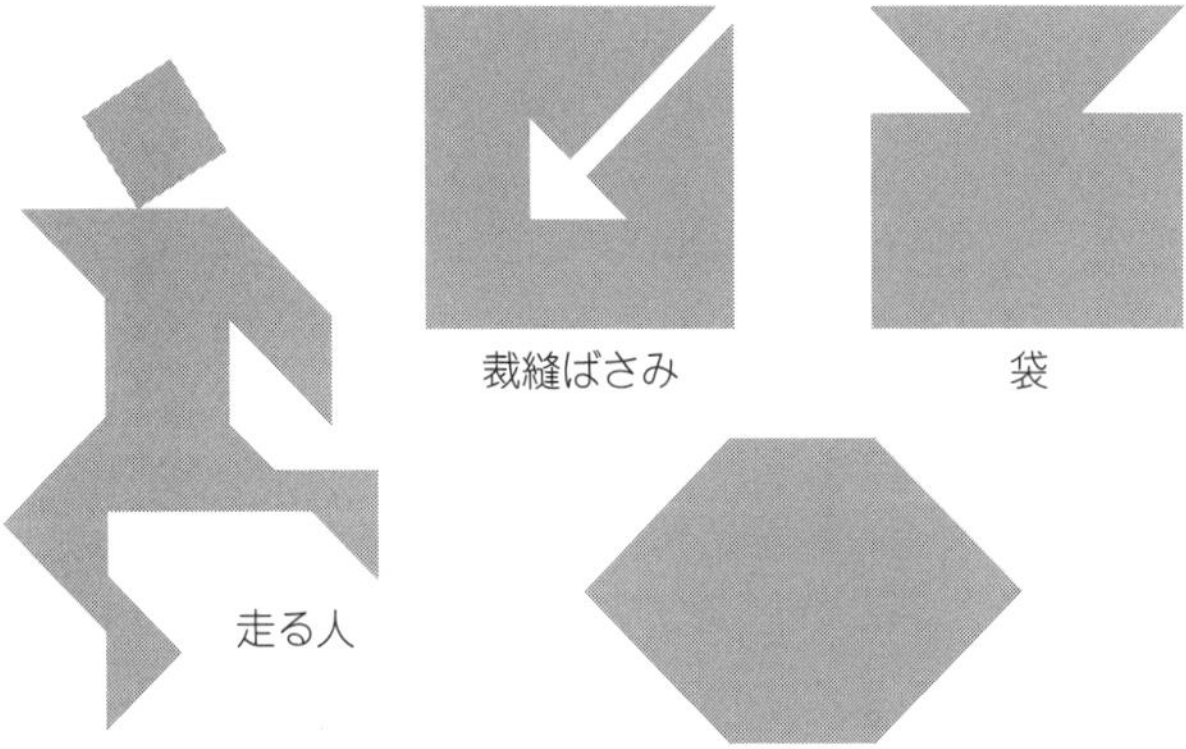


では、さっそく問題です。

**Q.** 「タングラム」で上の図のシルエットをつくってみてください。

このように「正方形」は古くから、人々の心をとらえてきました。

正方形のシンプルかつ完璧なフォルムは、多くの可能性を秘めた形でもあるのです。皆さんもこれらの問題やパズルを通して、その世界を垣間見ることができたのではないでしょうか。

◆「清少納言知恵の板」に挑戦！③

円周率 π　　　　ネイピア数 e

締めくくりとして、私からの問題です。

**Q.** 「清少納言知恵の板」を使って、上の図の円周率「π」とネイピア数「e」をつくってみてください。

ぜひ「清少納言知恵の板」や「タングラム」を使って、オリジナルの図形を考えてみてください。皆さんの想像以上にたくさんの図形をつくることができます。

## ◆解答

**「清少納言知恵の板」に挑戦！①**

ようかん

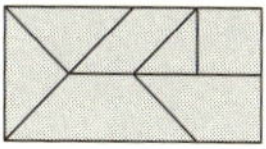

魚

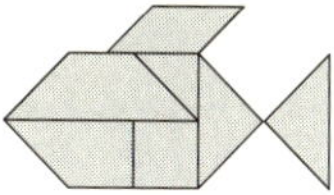

木

**「清少納言知恵の板」に挑戦！②**

八角鏡

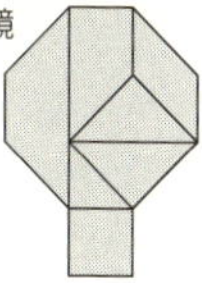

あんどん

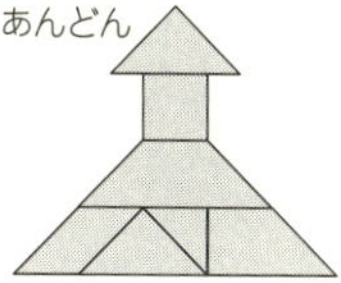

鍵

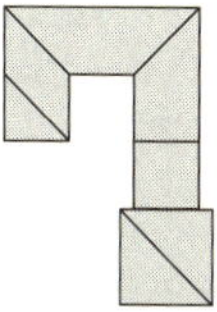

**「タングラム」に挑戦！**

走る人

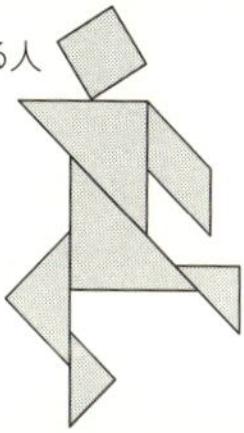

裁縫ばさみ

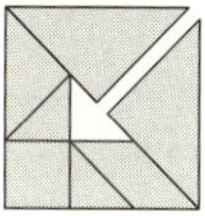

袋

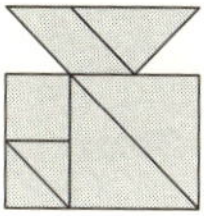

ダイヤモンド

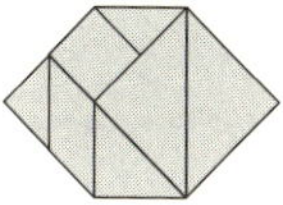

**「清少納言知恵の板」に挑戦！③**

円周率 $\pi$

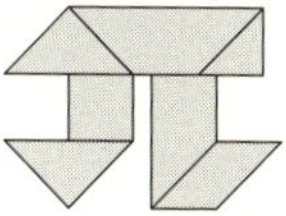

ネイピア数 $e$

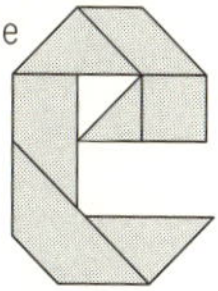

# 素数のワンダーランド

## 気まぐれな素数

素数とは、根源的、基礎的、そして本質的な数です。

素数の出現は気まぐれであり、結局のところ、その秘密はまだ闇の中にあります。しかしその問いによって見えてくる「新たな世界」があります。

素数の研究は、第一級の研究を導き、数学を更なる高みへと引き上げました。また、素数は数学の中にとどまらず、現代の生活を支えるうえでも、最も重要な数ともいえます。

何世紀にもわたり数学者を魅了する「素数」。その中でも特にユニークな「素数グループ」をご紹介しましょう。

## 未解決な「双子素数」

素数には、今なお未解決の問題がいくつもあります。中でも有名なのが「双子素数」についての予想です。双子素数とは「差が二の素数の組」で、一九一六年にステケルにより命名されました。はじめの双子素数は（3，5）（5，7）（11，13）（17，19）です。これが無限にあるだろうと予想されています。しかしその証明は、いまだできていません。

「双子素数の逆数の和が1・902160583104…である」とは、どういうことでしょうか。

一六五頁の式をご覧ください。ノルウェーの数学者ヴィーゴ・ブルンによって、この和は「収束する（ある一つの値になる）」ことが証明されています。この数は「ブルン定数」とよばれています。

もし、双子素数の逆数の和が収束せずに、無限大に発散している（限りなく大きくなる）ことが示されたとしたら、双子素数は無限にあることになります。

### ◆双子素数予想

$p$と$p+2$がともに素数であるような素数$p$が無限に存在する。そして、その逆数の和が1.902160583104…である。

### ◆双子素数トップ10

| ランク | 素数 | 桁数 | 発見年 |
|---|---|---|---|
| 1 | $3,756,801,695,685 \times 2^{666,669} \pm 1$ | 200,700 | 2011 |
| 2 | $65,516,468,355 \times 2^{333,333} \pm 1$ | 100,355 | 2009 |
| 3 | $2,003,663,613 \times 2^{195,000} \pm 1$ | 58,711 | 2007 |
| 4 | $194,772,106,074,315 \times 2^{171,960} \pm 1$ | 51,780 | 2007 |
| 5 | $100,314,512,544,015 \times 2^{171,960} \pm 1$ | 51,780 | 2006 |
| 6 | $16,869,987,339,975 \times 2^{171,960} \pm 1$ | 51,779 | 2005 |
| 7 | $33,218,925 \times 2^{169,690} \pm 1$ | 51,090 | 2002 |
| 8 | $22,835,841,624 \times 7^{54,321} \pm 1$ | 45,917 | 2010 |
| 9 | $1,679,081,223 \times 2^{151,618} \pm 1$ | 45,651 | 2012 |
| 10 | $84,966,861 \times 2^{140,219} \pm 1$ | 42,219 | 2012 |

## ◆ブルン定数

$$\left(\frac{1}{3}+\frac{1}{5}\right)+\left(\frac{1}{5}+\frac{1}{7}\right)+\left(\frac{1}{11}+\frac{1}{13}\right)+\left(\frac{1}{17}+\frac{1}{19}\right)+\left(\frac{1}{29}+\frac{1}{31}\right)+\cdots$$

$$=1.902160583104\cdots$$

しかし、そうはなりませんでした。

「双子素数の逆数の和は有限な値に収束する」ことがブルンによって証明されたのです。その数は「1・902160583104…」。

ブルン定数が教えてくれることは、双子素数の数が有限なのか無限なのかはわからないということです。

こうして「双子素数予想」はいまだ謎に包まれたままなのです。

### 「いとこ素数」と「セクシー素数」

「差が四の素数の組」を「いとこ素数（cousin primes）」といいます。小さい順から並べると、（3，7）（7，11）（13，17）（19，23）（37，41）（43，47）（67，71）（79，83）（97，101）…となります。

さらに、面白い名前の素数が続きます。「差が六の素数の組」を「セクシー素数」といいます。ラテン語で「六」は「sex」。そこから「セクシー素数（sexy primes）」とよばれているのです。

小さい順から並べると、（5，11）（7，13）（11，17）（13，19）（17，23）（23，29）（31，37）（37，43）（41，47）（47，53）（53，59）（61，67）（67，73）（73，79）（83，89）（97，１０３）…となります。

二〇〇九年には、一万一五九三桁のセクシー素数の組が発見されました。

また、「差が六である三つの素数の組（$p$，$p+6$，$p+12$）」は、「セクシー素数の三つ子（sexy prime triplets）」とよびます。

小さい順から並べると、（7，13，19）（17，23，29）（31，37，43）（47，53，59）（67，73，79）（97，１０３，１０９）…です。

ただし、「セクシー素数の三つ子」は、「$p+12$」の次の「$p+18$」が素数でない場合に限ります。「$p+18$」も素数となる場合の四つ組（$p$，$p+6$，$p+12$，$p+18$）は、「セクシー素数の四つ子（sexy prime quadruplets）」とよばれます。

小さい順から並べると、（5，11，17，23）（11，17，23，29）（41，47，53，59）（61，67，73，79）…です。

ちなみに、五つの素数の組（$p$，$p+6$，$p+12$，$p+18$，$p+24$）は、「セクシー素数の五つ子（sexy prime quintuplets）」とよばれ、（5，11，17，23，29）しか存在しません。

こうして、困難を極める素数の世界にあって、人は数の探査を果敢に続け、さまざまな素数のプロフィールを見つけ出しています。

そして、「名前を与えられた素数たち」は、人々に知られることになるのです。

もしかしたら、まだ誰にも発見されていない規則性によって素数は並んでいるのかもしれません。素数は、自分たちが見つけられる日を、数のワンダーランドで遊びながらずっと待っている。――私には、そんな気がしてなりません。

# ヒマワリにひそむふしぎな数列

## ヒマワリの花と松ぼっくりの共通点

私たちが普段何げなく眺めている植物。美しくて愛らしい花、若々しい緑の葉、風に揺らぐ木々の姿に心を癒やされる人も多いでしょう。そうした自然美の中にさえも「数の秘密」は隠れているのです。

それでは、植物の世界に繰り広げられる数の世界をのぞいてみましょう。

大輪のヒマワリは、数千個の小さな花が集まって一つの花ができています。ヒマワリの小さな花の並び方には、驚きの数の秘密があります。

この小さな花をよく観察してみると、並び方には左回りと右回りがあり、らせん模様を描いていることがわかります。

◆ヒマワリの小さな花の並び方

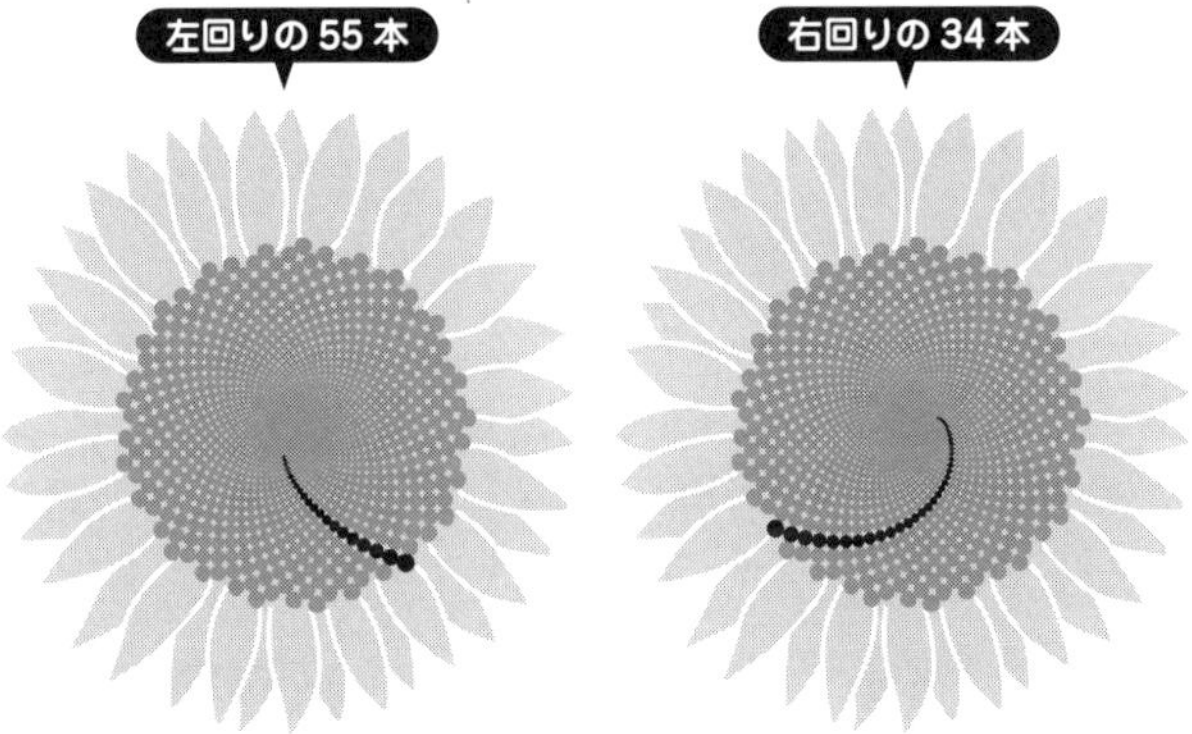


上図をご覧ください。
らせん模様は左回りが五五本、右回りが三四本あります。

ヒマワリ以外の植物を見てみましょう。
松の種子である「松ぼっくり（松かさ）」にも、らせん模様が浮かび上がります。
松ぼっくりの鱗片と鱗片の並び方には、左回りと右回りのらせん模様があり、じっと眺めるとそれぞれ八本、一三本あることがわかります。さらによく眺めると、右回りの五本のらせん模様もあります。

面白いことに、どのヒマワリでも、どの松

◆松ぼっくりのらせん模様

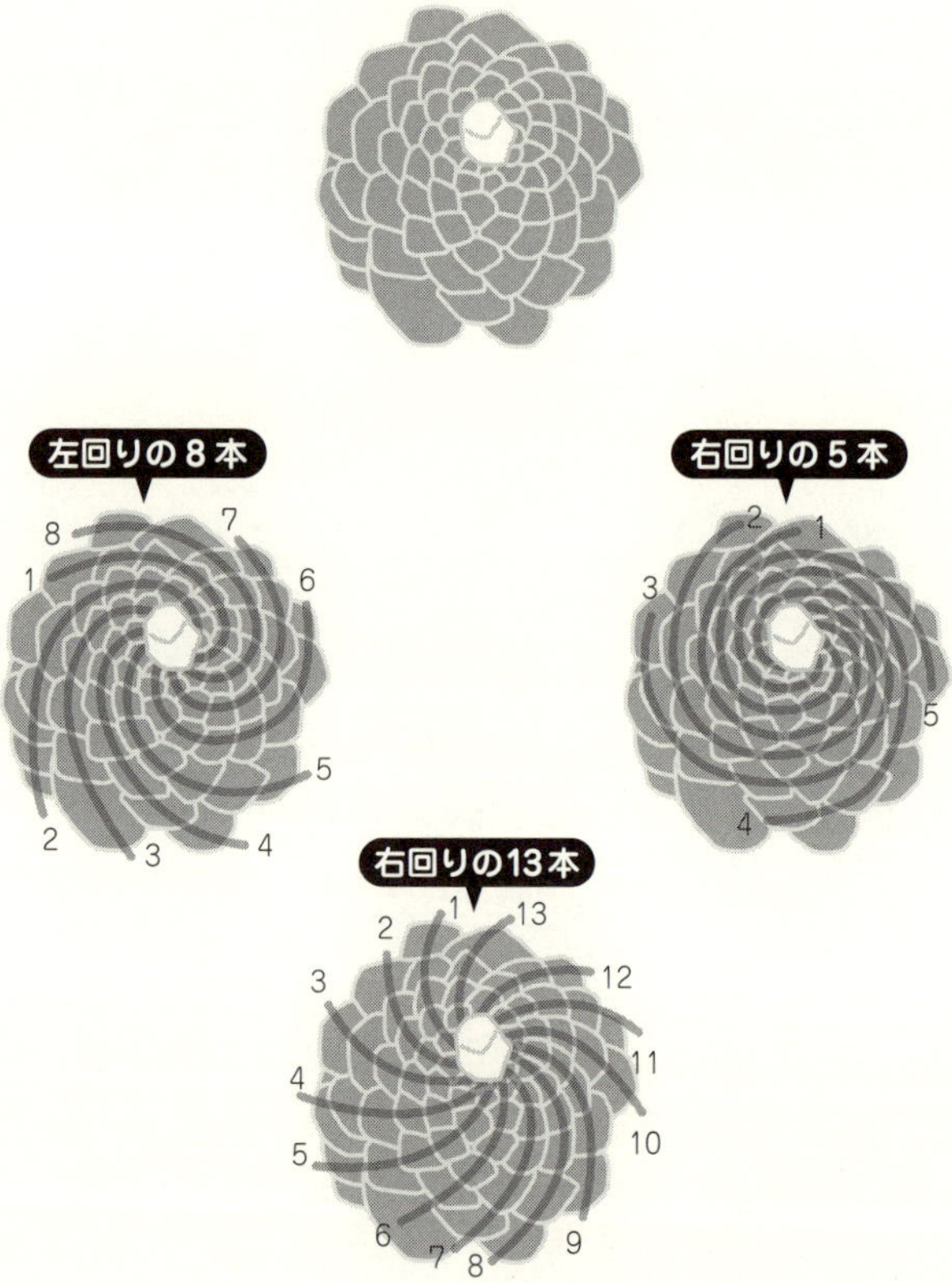

ぼっくりでも、同じ数のらせんが見つかるのです。もしお近くにヒマワリや松ぼっくりがあれば、ぜひ確認してみてください。

## 植物は規則正しく並んでいる

次に、植物の葉のつき方を観察してみましょう。

植物の真上から葉を見てみると、葉と葉がなるべく重ならないようについていることがわかります。一本の茎の周りにらせん階段を上るようについており、何枚かごとに上下の葉の位置が重なります。

その「何枚かごと」は、五枚だったり、八枚だったり、一三枚だったり、二一枚だったり……。

今回紹介した「植物の花、実、葉のつき方に現れる数」を集めてみましょう。

5、8、13、21、34、55

一見すると、規則性のないランダムな数に見えますが、これらの数にはある決まりがあります。その決まりはどのようなものか、考えてみてください。

実は、ここに現れる数は「その数の前にある二つの数の和」となっているのです。

5＋8＝13、8＋13＝21、13＋21＝34、21＋34＝55

それでは、「5」よりも小さい数を考えてみましょう。

「□＋5＝8」とすれば、□には「3」が入ることがわかります。同じように、「□＋3＝5」とすれば、「3」の前は「2」が入ることがわかります。

こうして続けていくと、ある数の列「数列」ができます。

1、1、2、3、5、8、13、21、34、55、89、144、233、……

この数列は十二世紀イタリアの数学者フィボナッチが発見したので、「フィボナッチ数列」とよばれています。

レオナルド・フィボナッチ
（一一七〇頃～一二五〇頃）

## フィボナッチ数列と黄金率

「1」と「1」から始めて、「1、1、2、3、5、8、13、21、34、……」と、前の二つの数を次々に足してできあがる数列が「フィボナッチ数列」です。

フィボナッチ数列は、樹木の枝分かれにも見つけることができます。

このフィボナッチ数列には、ある秘密が隠されています。その秘密を探してみましょう。

「次の数が前の数の何倍大きいか」を調べてみます。「次の数÷前の数」を計算してみましょう。

1÷1＝1
2÷1＝2
3÷2＝1・5
5÷3＝1・666……
8÷5＝1・6
13÷8＝1・625
21÷13＝1・615……
34÷21＝1・619……
55÷34＝1・617……
89÷55＝1・618……
144÷89＝1・617……
233÷144＝1・618……

◆樹木の枝分かれにもフィボナッチ数列

この計算結果から気づくことがあります。隣り合う数の割り算（次の数÷前の数）の値が「1・618……」という一つの数に落ち着いていくのです。

フィボナッチ数列では「233」の次の数は、「144＋233」を計算して「377」ですね。さらにこの数列の続きを計算で求めてみましょう。

233＋377＝610
377＋610＝987
610＋987＝1597

次にこれらの数も隣り合う数で割り算をしてみます。

377÷233＝1・618……
610÷377＝1・618……
987÷610＝1・618……

1597÷987＝1・618……

たしかに「1・618……」になっていますね。

この数「1・618……」は「黄金率」とよばれ、φ（ファイ）というギリシャ文字で表されます。

この黄金率が、植物に現れるフィボナッチ数列の謎を解く鍵になるのです。

## 黄金比と黄金角

フィボナッチ数列（1、1、2、3、5、8、13、……）の隣り合う二つの数の比は、次第に「1：1・6180339887……」に近づいていきます。この比を「黄金比」とよびます。

それでは、実際に線分を黄金比に分けてみましょう。

線分をグルリと丸めて、一周三六〇度の円にします。この円を黄金比で分けたときに、円周部分の「1」に相当する角は一三七・五〇七七……度（以降一三七・五度と省略

## ◆フィボナッチ数列にひそむ黄金率

| フィボナッチ数列 | |
|---|---|
| 1 | |
| | × 1.0000000000…… |
| 1 | |
| | × 2.0000000000…… |
| 2 | |
| | × 1.5000000000…… |
| 3 | |
| | × 1.6666666666…… |
| 5 | |
| | × 1.6000000000…… |
| 8 | |
| | × 1.6250000000…… |
| 13 | |
| | × 1.6153846153…… |
| 21 | |
| | × 1.6190476190…… |
| 34 | |
| | × 1.6176470588…… |
| 55 | |
| | × 1.6181818181…… |
| 89 | |
| | × 1.6179775280…… |
| 144 | |
| | × 1.6180555555…… |
| 233 | |
| | × 1.6180257510…… |
| 377 | |
| | × 1.6180371352…… |
| 610 | |
| | × 1.6180327868…… |
| 987 | |
| | × 1.6180344478…… |
| 1597 | |

どんどん黄金率
1.6180339887……
に近づいていく！

◆黄金比と黄金角

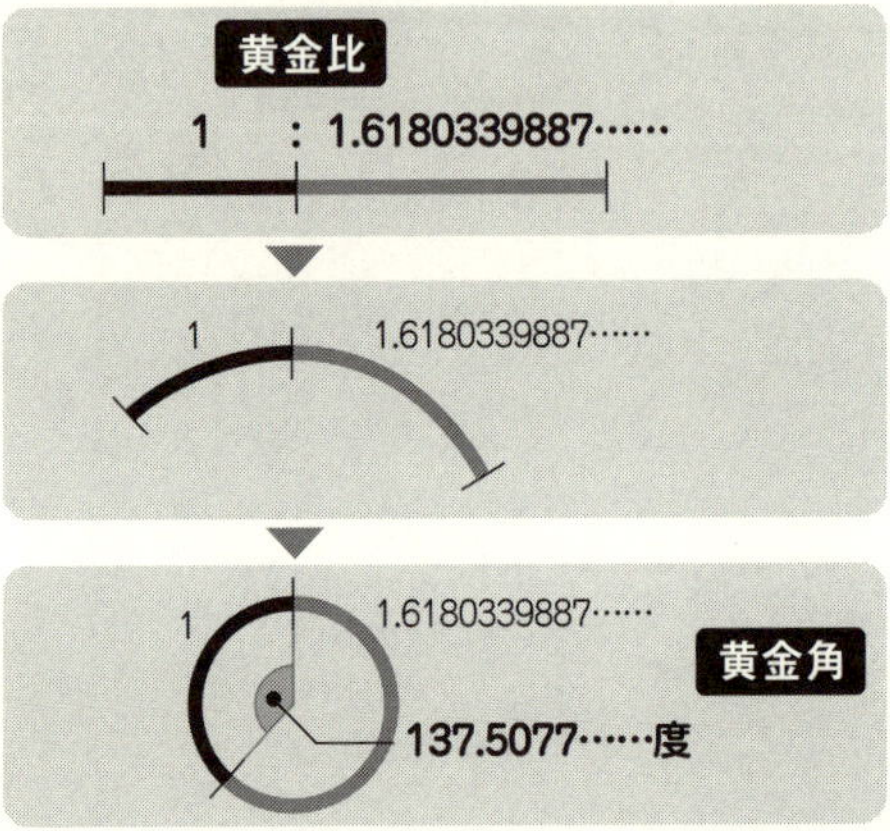


します）になります。この角度は、一周を黄金比に分ける角度なので「黄金角」とよばれています。

実はこの黄金角が、ヒマワリを美しく咲かせる鍵をにぎっているのです。

ヒマワリの花は小さな花の集まりです。中心から外側に向かって花がついていきます。中心に最初の花がつき、次にそこから少し離れたところに花がつきます。

すると、次の花は次頁の図のように「一三七・五度回転した先の少し離れたところ」につきます。さらにそこから一三七・五度回転して、また少し離れた

## ◆ヒマワリの花は黄金角で並んでいる

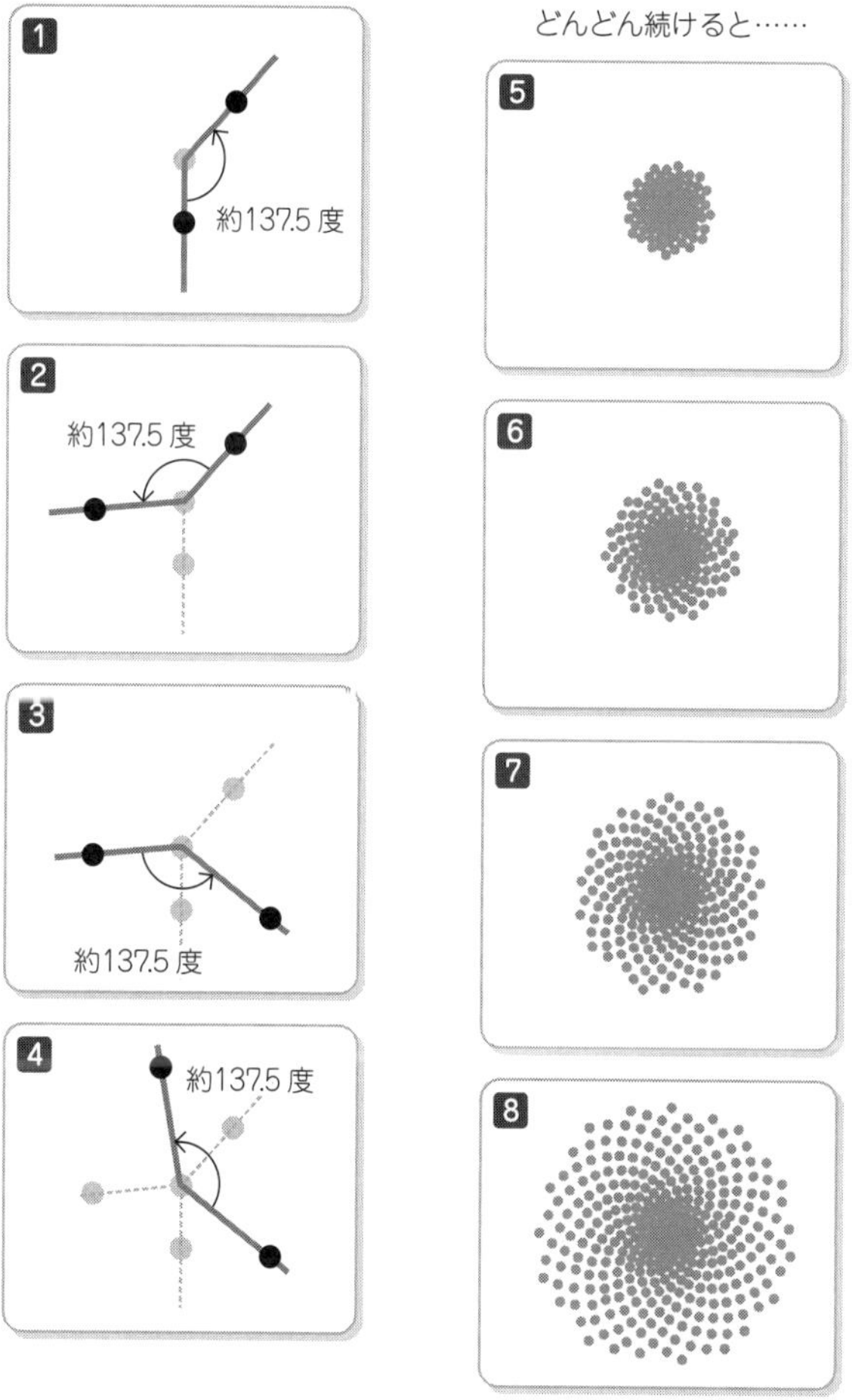

ところにつきます。これを繰り返していくことで、右回りと左回りのらせん模様に並んだ花で埋め尽くされていくのです。

この花のつき方のメリットは、「隙間なくびっしり花がつくこと」です。もし、一三七・五度から一度でもずれてしまうと隙間が空いてしまい、びっしりと花はつきません。ヒマワリは、大変効率よく小さな花を並べているのですね。

このように、一三七・五度の角度がヒマワリの花の秘密でした。

ヒマワリは黄金角でたくさんの花をつけることで、多くの種、つまり子孫を残しているのです。

フィボナッチ数によって結びついている「自然美」と「数の世界」――。

植物は生きるために、そして種を存続させるために、こんなにも美しい規則をそっと秘めているのです。

万物の根源には、きっと数の秘密が隠されている――。

小さな草花を道端で見かけるたびに、私はそんな気持ちを抱きます。

効率よく花が並んでいるんだね

# 一筆書きの数学

## **数学クイズに挑戦！**

数学的な考え方を身につけたい――。

文系の学生や社会人の方から、そんな希望を聞くことがあります。続けて、「そのためにはどうしたらいいですか？」ともよく聞かれます。

「成績をアップしたい」「効率よく仕事をしたい」「論理的な思考を持ちたい」――。そんな切実な思いがあるのでしょう。たしかに勉強においても仕事においても「数学力」は重要なポイントです。

数学的な考え方を身につけるためには、何よりもまず「発想の転換」が大切です。その練習に最適なクイズを用意しました。

数学力アップに、頭の体操に、どうぞ楽しみながら解いてみてください。

## 切手シートをばらばらにするには？

**Q.** 横六枚、縦四枚の合計二四枚からなる切手シートがあります。この切手シートの切手をすべてばらばらにするには、少なくとも何回切らなければならないでしょうか。なお、切手を重ねて切ることはできません。

**横6枚 × 縦4枚の切手シート**

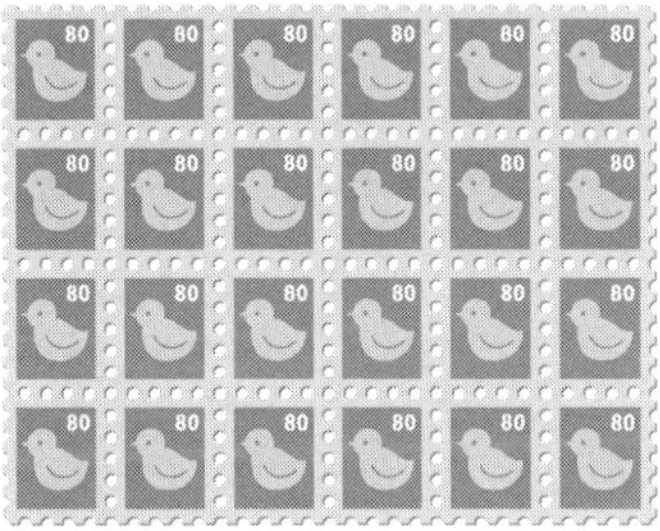

ヒント

1回切ると2つに分かれる

2回切ると3つに分かれる

## A．二三回

最初に縦を切るべきか、横を切るべきか――。「切り方」をいろいろと考えた方も多いでしょう。しかし、この問題のポイントは「切り方」ではありません。

切手シートを一回切ると、一枚のシートは二つに分かれます。もう一回切ると三つに、さらにもう一回切ると四つに分かれます。つまり、切手シートを一回切るごとに切り離される数は一つずつ増えていくということです。

このことから、すべての切手をばらばらにするには、切る回数が「切手の枚数より一だけ小さい数」になることがわかります。よって、$n$枚の切手シートをばらばらにするには、その切り方によらず、「$n-1$回切る」こととなります。

ですから、切手をすべてばらばらにして二四枚にするには、$24-1$より二三回切ればいいのです。

## 全部で何試合が行われる?

**Q.** サッカーの大会があります。八チームがトーナメント戦で戦いますが、優勝チームが決まるまでに、全部で何試合が行われるでしょうか。なお、不戦勝はなしとします。

8チームのトーナメント戦

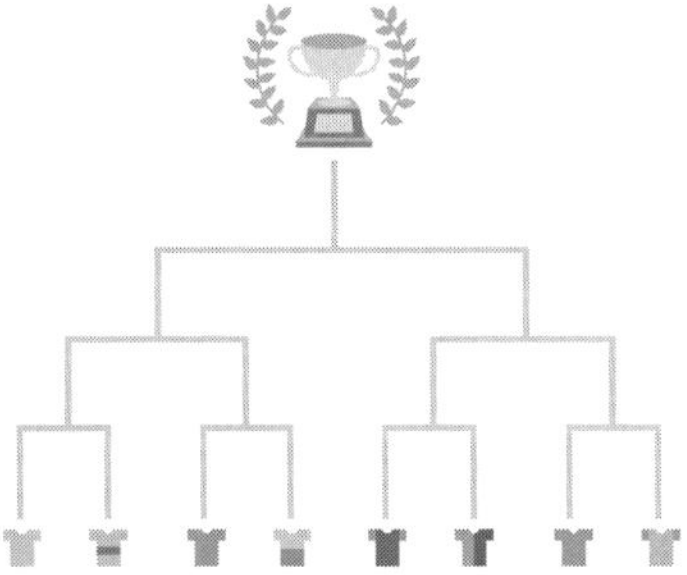

1試合で1つのチームが負ける

**A．七試合**

先ほどの問題と同じ考え方です。

トーナメント戦では一試合行うごとに一チームが敗者となります。優勝チーム以外の七チームは、いずれかの試合で必ず敗者となることから、全試合数はチーム数よりも一だけ小さい数になることがわかります。つまり、$n$チームのトーナメント戦の全試合数は、その対戦の組み合わせによらず$n-1$となります。

ですから、八チームでトーナメント戦をした場合、試合数は$8-1$より七試合となります。

## ケーニヒスベルクの橋と一筆書き

**Q.** 十八世紀のはじめ、プロシアの古都ケーニヒスベルクにプレーゲル川という大きな川が流れており、そこには七本の橋が架けられています。この七本の橋を一度ずつ渡って、もとの場所に戻ってくることはできるでしょうか。どこから出発してもかまいません。

古都ケーニヒスベルク
向こう岸へ渡るのに1本、
元の岸に戻るのに1本の
橋を渡らなければならない

ヒント　橋を通るルートを線で結んで一筆書きで書けるかを考える

**A. 不可能**

これが有名な「ケーニヒスベルクの橋」の問題です。

実は「橋を一度ずつ渡る」というのは「一筆書きで書けるか」という問題と同じことです。

レオンハルト・オイラーは一七四一年に発表した論文の中で、この問題を「岸や中州を点とし、橋を辺とする図形が一筆書きで書けるか」という形に定式化し、一筆書きが不可能であること、すなわち「七本の橋を一度ずつ渡って、もとの場所に戻ってくることはできない」ということを明快に示しました。

レオンハルト・オイラー
（一七〇七〜一七八三）

もし図形が一筆書きで書けるとすると、始点と終点以外の点では、筆が「出て」「入って」を繰り返すことになるので、そこから偶数本の線が出ていることになります。

## ◆オイラーはこう考えた

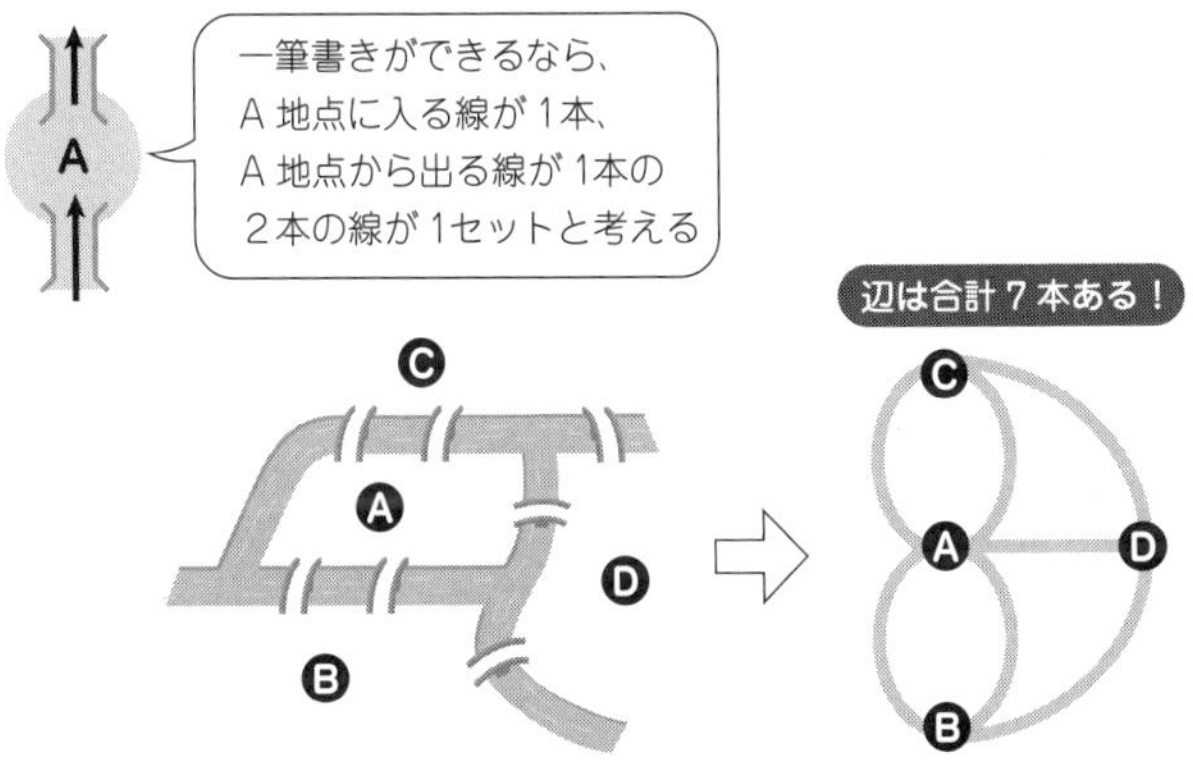
一筆書きができるなら、
A地点に入る線が1本、
A地点から出る線が1本の
2本の線が1セットと考える
A
C
A
D
B
辺は合計7本ある！
C
A
D
B

ケーニヒスベルクの地図を簡単にしたものが上の図です。図の四つの点A、B、C、Dのどの点からも奇数本の線が出ていますね。

したがって、一筆書きは不可能。つまり、七本の橋を一度ずつ渡って、もとの場所に戻ってくることはできないのです。

ちなみに、オイラーの誕生日は四月十五日ですが、二〇一三年のこの日のGoogleトップページのロゴは、オイラーの生誕三〇六周年にちなむものでした。オイラーの公式など彼の功績を称えるイラストに混じって、この「ケーニヒスベルクの橋」も描かれていました。

## スマートフォンのロックも一筆書きで

最後に点と線の問題を一つ。最近のスマートフォンのロックには「九つの点」が使われています。この九つの点に関するクイズです。

オイラーのまねをして「発想の転換」をしてみましょう。

**Q.**

3×3に並んだ九つの点すべてを、四本の直線で一筆書きはできるでしょうか。さらに、三本、一本の直線の場合はどうでしょうか。

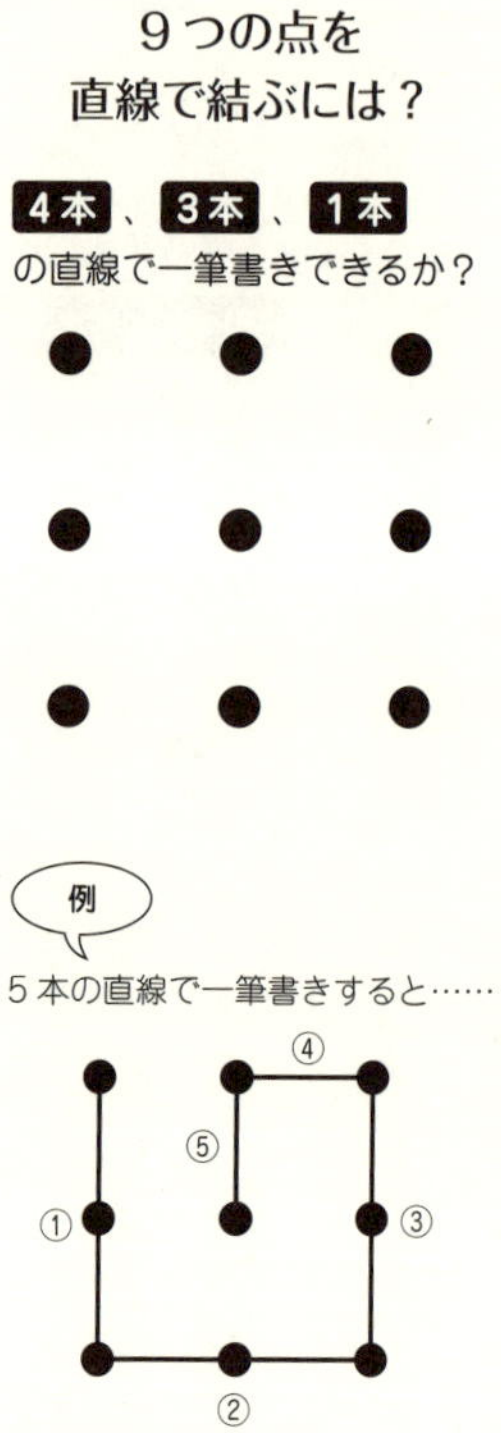
9つの点を
直線で結ぶには？
4本、3本、1本
の直線で一筆書きできるか？
例
5本の直線で一筆書きすると……
①
②
③
④
⑤

# A.

**4本** の場合

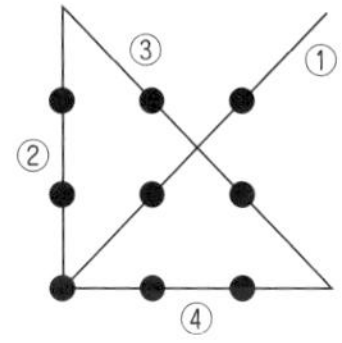
③
①
②
④

**3本** の場合

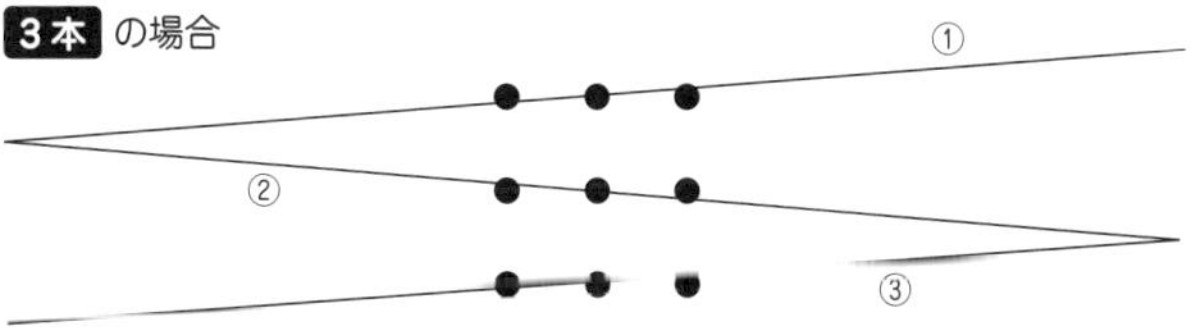
①
②
③

**1本** の場合

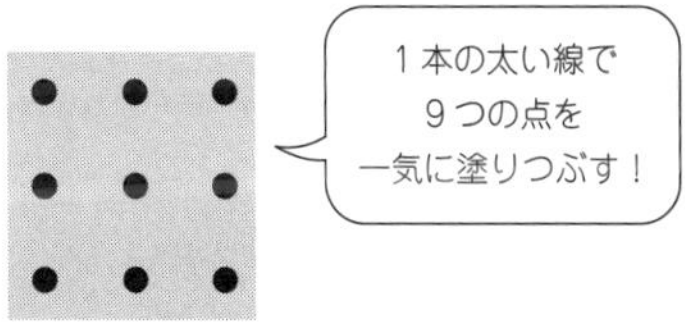
1本の太い線で
9つの点を
一気に塗りつぶす！

# 星を追い求めてきた人類と小数点の出合い

## 小数点と対数を生みだしたネイピア

一ドル＝98・96円、気温35・2度、円周率π＝3・1415……。

小数は私たちの身の回りで最も活躍している数の表現方法です。この考え方をヨーロッパで最初に提唱したのが、ベルギーの数学者シモン・ステヴィンです。

シモン・ステヴィン（一五四八～一六二〇）

ステヴィンによる小数の表記法は、現在のものとは異なります。例えば3・1415ならば、3⓪1①4②1③5と書くものでした。

私たちが使っている小数点「・」による表記法を考案したのは、ステヴィンと同時代を生きたスコットランドの数学者ジョン・ネイピアです。

ジョン・ネイピア
（一五五〇～一六一七）

ネイピアは天文学に必要な膨大な計算を簡単に行えるように、「対数」という新しい計算法を考案したことで有名です。彼は城主としての仕事をこなす一方で数学に関心を持ち続け、驚くべきことに四十四歳のときに対数の研究をはじめます。「対数」という計算方法を考える中で「小数点」は生まれました。それらは数学界のみならず、当時の社会にとっても大きな功績を残したのです。

## かけ算を足し算に変える「対数」

それでは、対数のアイディアを簡単に説明してみましょう。

◆かけ算を足し算で考える

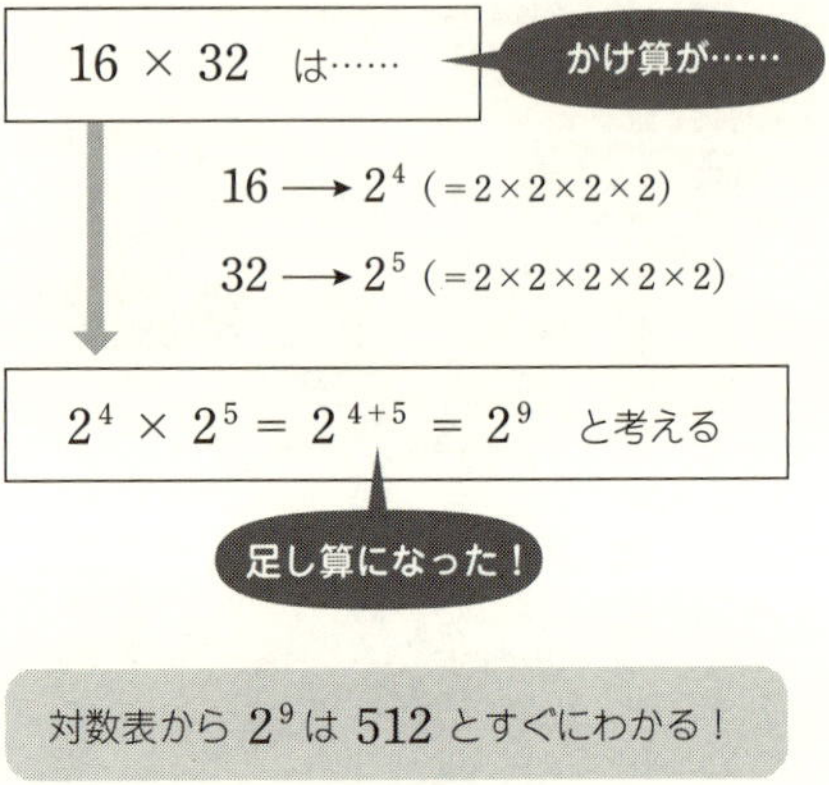
$16 \times 32$ は……
かけ算が……
$16 \longrightarrow 2^4$ $(=2\times2\times2\times2)$
$32 \longrightarrow 2^5$ $(=2\times2\times2\times2\times2)$
$2^4 \times 2^5 = 2^{4+5} = 2^9$ と考える
足し算になった！
対数表から $2^9$ は 512 とすぐにわかる！

例えば16×32というかけ算を計算するとき、16と32はそれぞれ2を四回、五回かけた数なので、2を九回（四回＋五回）かけた数だと考えます。

ここで登場するのが「対数表」とよばれる数表です。

あらかじめ「2をかけた回数とその値」を表にしておきます。そうすると、表を見れば「2を9回かけた数」は512だと簡単にわかります。

つまり、「対数表」を用いれば「2をかけた回数の和」から積を求めることができるのです。いい換えると、かけ算が足し算に変換されて計算がラクになるということです。

この計算方法は対数表の完成度により、使いやすさが大きく変わります。「2をかけた数」をあらかじめ計算して、表にまとめておくことが重要なんですね。

ネイピアは対数表をたった一人で、それも二十年を費やして完成させました。そして、六十四歳のときに『驚異の対数法則の記述』が出版されたのです。

## 小数点は「神の言葉としての数」から生まれた

ネイピアの生きた十六〜十七世紀、ヨーロッパは大航海時代でした。天文学は航海にはなくてはならないものでしたが、そこに現れる大きな数や複雑な計算が課題でした。対数を使えば「天文学的計算」を簡単にすることができます。しかし、難解であったため、一般の人々にはなかなか理解されませんでした。

そうした中、ネイピアのアイディアに衝撃を受けた人物がいました。それがイギリスの数学者ヘンリー・ブリッグスです。彼はネイピアのもとを訪ね、ともに研究をはじめました。そしてできあがったのが今の常用対数（10を何回かけ算するかを考えた対数）のもとになる対数でした。

こうしてネイピアの遺志はブリッグスに受け継がれ、対数は世界中の人々の天文学的計算を助けていくことになったのです。

対数「logarithm（ロガリズム）」はネイピアによる造語で、ギリシャ語の logos（神の言葉）と arithmos（数）を合わせた言葉です。

「神の言葉としての数」という意味で名付けられた「対数」。

その言葉には、「天文学者、船乗りを救いたい」というネイピアの願いが込められていました。彼はその計算の中で小数点「・」を考案したのです。

こうして、人類は十七世紀になり、ようやく小数点「・」を手にしました。天文学を発展させ、星を追い求めてきた人類が小数点と出合うまでには、実に長い年月を要したのです。

そう考えながら夜空を見上げると、星という光の点がまるで小数点のように見えてきます。

星も小数点も
美しいなあ

# 江戸時代の九九は36通り

## 覚えなくてもいい九九がある

現代日本の教科書では、かけ算九九は「いんいちがいち」(一×一)から「くくはちじゅういち」(九×九)まで八一通り習いますね。ところが、江戸時代の九九は三六通りだけでした。

九九を覚えるとき、一の段から二の段、三の段と順に覚えていきますが、「一の段は特に覚えなくてもよいのでは?」と思ったことはありませんか。

さらに、一の段のかける数とかけられる数を逆にしたかけ算(2×1、3×1など)も同様です。

これであわせて一七通り(9+8)を省くことができます。

せっかく覚えるのならば、かける数の小さい九九で覚える方がいいでしょう。例えば3×9＝27を覚えておけば、9×3＝27を新しく覚える必要ありません。

つまり、「小さい数A×大きい数B」を覚えておけば、「大きい数B×小さい数A」を覚える必要はないわけです。

3×2＝6、4×2＝8、4×3＝12、5×2＝10、5×3＝15、5×4＝20、……、9×5＝45、9×6＝54、9×7＝63、9×8＝72

これで二八通り（1＋2＋3＋4＋5＋6＋7）を省くことができます。

合計四五通り（17＋28）は覚える必要がないということがわかります。

結局、覚えなくてはいけない九九は三六通り（81－45）となるのです。

なんと八一通りの九九のうち、その半分以上の四五通りは覚えなくてもよかったのです。「こんなことなら、はじめから必要な三六通りだけ覚えればよいことを教科書に載せてくれればいいのに……」と思いますね。

## ◆江戸の教科書は36通りしか載っていない！

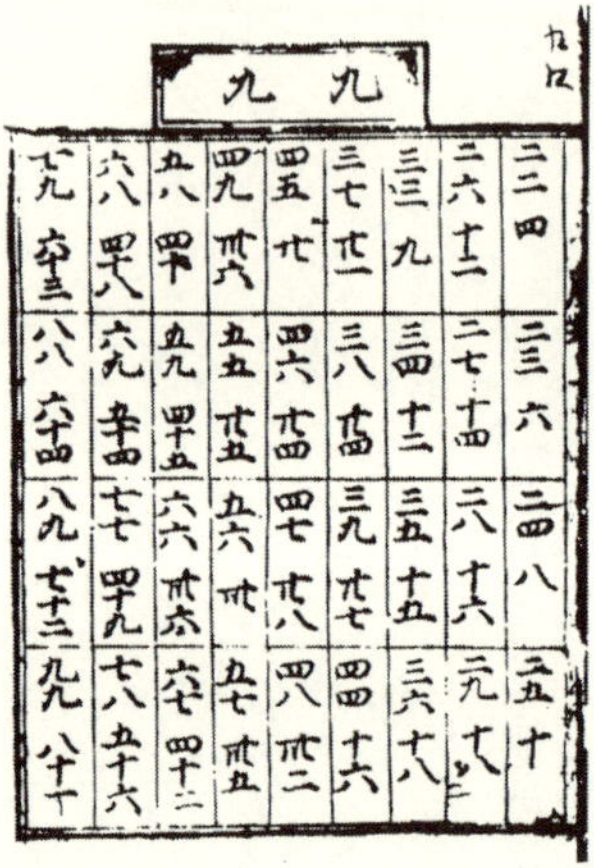
九九

| | | | | | | | | |
|---|---|---|---|---|---|---|---|---|
| 二二四 | 二六十二 | 三三九 | 三七廿一 | 四五廿 | 四九卅六 | 五八四十 | 六八四十八 | 七九六十三 |
| 二三六 | 二七十四 | 三四十二 | 三八廿四 | 四六廿四 | 五五廿五 | 五九四十五 | 六九五十四 | 八八六十四 |
| 二四八 | 二八十六 | 三五十五 | 三九廿七 | 四七廿八 | 五六卅 | 六六卅六 | 七七四十九 | 八九七十二 |
| 二五十 | 二九十八 | 三六十八 | 四四十六 | 四八卅二 | 五七卅五 | 六七四十二 | 七八五十六 | 九九八十一 |

### 江戸の九九は合理的

実は、そんな教科書が江戸時代にはありました。それが、吉田光由《みつよし》が一六二七年に著した『塵劫記《じんこうき》』です。『塵劫記』は、江戸時代初期の人気作家井原西鶴や十返舎一九の作品の売り上げを遥かに凌ぐベストセラーだったといわれています。寺子屋の教科書として普及し、庶民が数学に興味を持つきっかけを与えた江戸の数学の原典です。『塵劫記』では、九九はシンプルに三六通りにまとめられています。

## 数の数え方を知らないと解けない!?

『塵劫記』では九九は三六通りしかありませんが、「命数法」(数の数え方)には大変な数があります。

『塵劫記』は、命数法、単位、かけ算九九、そろばんの使い方などの基礎知識からはじまり、俵杉算、絹盗人算、ねずみ算、油分け算といった身近にある題材を取り扱った問題、さらには商業の金利・給与計算、土木の面積・体積の計算といった実用的な計算問題など、実に多岐にわたる問題で埋め尽くされています。

そうした問題をかけ算を使って解くと、その答えが非常に大きくなってしまうことがあります。

現在も使われている一、十、百、千、万、億、兆、京、……、那由他《なゆた》、不可思議、無量大数といった命数法も『塵劫記』にありますが、それにしても現代でもほとんど使うことがない大きな数を、なぜ江戸時代の人たちは覚えたのでしょうか。

その答えは『塵劫記』の問題を実際に解いてみるとよくわかります。

例えば「ねずみ算」の問題を見てみましょう。

◆ねずみ算

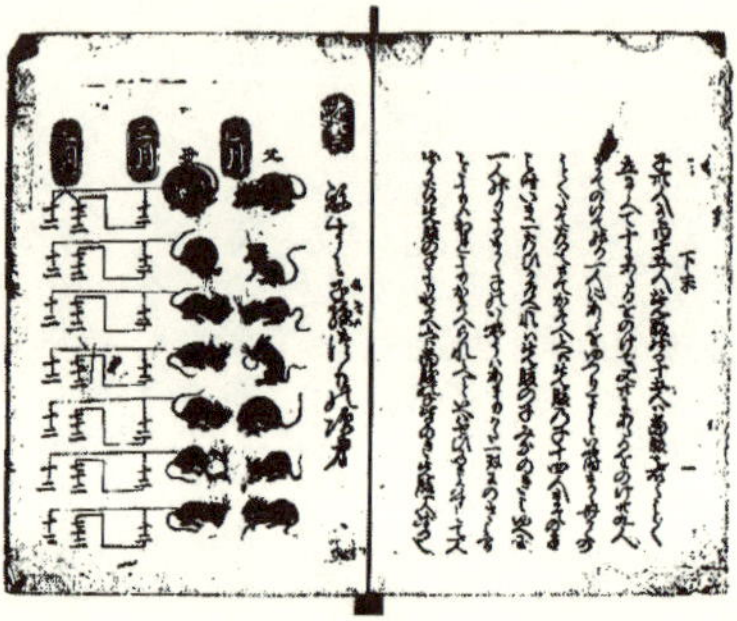

「一組の親ねずみ夫婦が一月に子ねずみを一二匹産みました。子ねずみはオス・メス半分ずつ産まれるとすると、親ねずみ夫婦とあわせて計七組の夫婦ができます。翌二月にはそれぞれの夫婦が子ねずみを産みます。このように続けていくと、十二月末には全部で何匹になっているでしょうか」という問題です。

その答えは、二七六億八二五七万四四〇二匹（$2×7^{12}$）となります。

ちなみにこの問題から、急激に数が増えることを「ねずみ算式に増える」というようになりました。

もう一題の問題が私の故郷、山形県にあり

◆遠賀神社（山形県）に奉納された算額（1695）

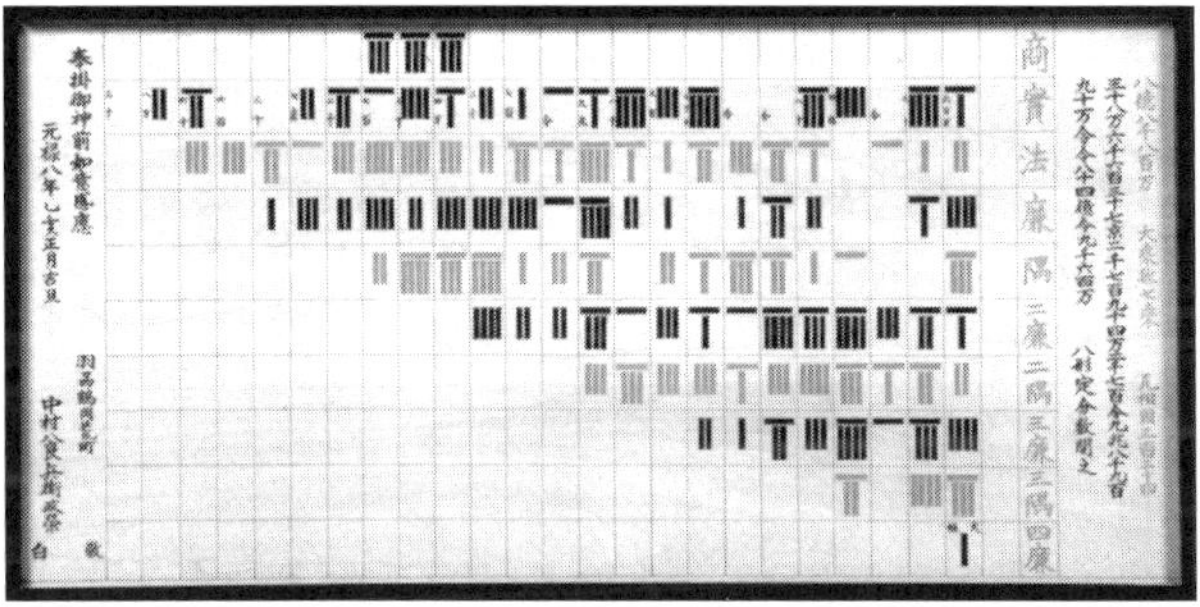

ます。

「ある数を八乗すると三八六六垓《がい》三七二七京九四二七兆〇九八九億九〇〇八万四〇九六になるという。その数を求めよ」という八次方程式の問題です。その解法と答え（八八八）は、「算額」とよばれる数学の絵馬に描かれています。

### 数学はクイズ

この二題とも、現実のテストではありえないような桁数ですね。大学の入学試験問題にも出題されないようなスケールの問題が、江戸時代では全国で競い合うように解かれていたことがわかります。

まさに、クイズだったのです。

江戸時代、大きな単位は実用的な必要があったというよりも、クイズのためにあったといえるのです。

こうしてみると日本人のクイズ好きは今にはじまったことではなく、すでに江戸時代にはその兆候があったのですね。

## 『塵劫記』は優れた教科書

『塵劫記』の魅力は一言では語り尽くせませんが、その一つがイラストでしょう。頁をめくるうち、目に飛び込むイラストを見ているだけで、徐々にその問題に引き込まれてしまいます。

『塵劫記』は、問題の面白さやイラストのかわいさをきっかけとして、子どもたちを数学の魅力に引き込んだという点で、群を抜いたクオリティを持っています。『塵劫記』は江戸の子どもたちに〝数学を純粋に楽しむ心〟を育んでくれた、素晴らしい教科書だったのです。

江戸のかけ算九九は合理的でした。わざわざ無駄に八一通りも覚えさせるようなことはしませんでした。

そして、『塵劫記』には、思わず解いてみたくなるようなクイズが、素敵なイラストとともに満載されていました。

もし、教科書がイラストのないつまらない問題ばかりだったとしたら――。誰が数学を好きになってくれるでしょうか。

せっかくの数の面白さも、味気ない問題がその魅力を遠ざけてしまうことでしょう。子どもたちに「数」を教える最初の第一歩は、面白くかわいく。そして、ちょっぴりのふしぎを入れて。

『塵劫記』をはじめ、数多くの和算書を通して見える「数の面白さを伝える姿勢」は、数学の魅力を伝えることを仕事としている私にとっても、よいお手本です。

# 逆さから読んでも素数!? 素晴らしき素数の仲間たち

## 回文素数とは?

「しんぶんし」のように逆さから読んでも同じ文になる文を「回文」といいますが、「12321」のように逆さから読んでも同じ数になる数を「回文数」といいます(一四〇頁)。

「回文数」であり「素数」であるものを「回文素数」といいます。それでは、回文数の中から回文素数を探してみましょう。

一桁の回文素数は2、3、5、7です。

二桁の回文素数は11だけです。

三桁の回文素数は101、131、151、181、191、313、353、373、727、757、787、797、919、929の一四個です。

## ◆逆さから読んでも同じ数 回文数

**1桁の回文数（9個）**

1、2、3、4、5、6、7、8、9

**2桁の回文数（9個）**

11、22、33、44、55、66、77、88、99

**3桁の回文数（90個）**

101、111、121、131、141、151、161、171、181、191、
202、212、……………………………………、888、898、
909、919、929、939、949、959、969、979、989、999

各位に10個ずつあるので
その合計は10×9＝90（個）

**4桁の回文数（90個）**

1,001、1,111、1,221、1,331、1,441、1,551、1,661、
1,771、1,881、1,991、2,002、2,112、………………、
8,888、8,998、9,009、9,119、9,229、9,339、9,449、
9,559、9,669、9,779、9,889、9,999

四桁の回文素数は……ありません。六桁、八桁、一〇桁。いずれの桁数でも、偶数桁の回文素数は存在しません。

## キーワードは「11の倍数」

ここに回文素数の基本的性質が隠れています。それは「偶数桁の回文素数は二桁の11が唯一であること」です。なぜなら、偶数桁の回文素数はすべて11で割り切れるからです。

二桁の回文数(11、22、33、44、55、66、77、88、99)は11で割り切れます。

四桁の回文数(1001、1111、……、9889、9999)も、たしかにすべて11で割り切れます。

ここで11の倍数判定方法について述べておきましょう。

「一の位から一桁おきにとった数の和と、十の位から一桁おきにとった数の和を求め、その差が11の倍数ならば、元の数も11の倍数である」というものです。

「2717」で調べてみましょう。一の位から一桁おきにとった数の和(7+7=14)

### ◆11の倍数判定方法

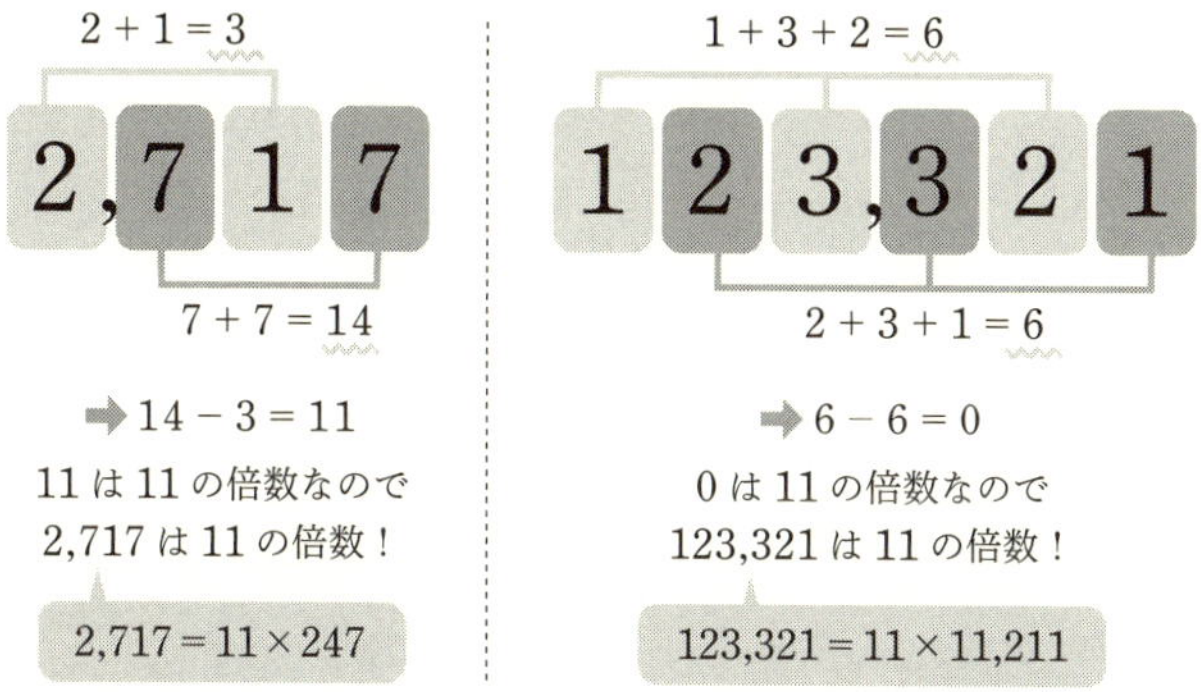
2＋1＝3
2,717
7＋7＝14
➡14－3＝11
11は11の倍数なので
2,717は11の倍数！
2,717＝11×247
1＋3＋2＝6
123,321
2＋3＋1＝6
➡6－6＝0
0は11の倍数なので
123,321は11の倍数！
123,321＝11×11,211

と、十の位から一桁おきにとった数の和（2＋1＝3）の差（14－3＝11）は11の倍数なので、「2717」は11の倍数だと判定できます。

この方法で四桁以上の回文数について調べてみます。

例えば六桁の回文数「123321」は、一の位から一桁おきにとった数の和（1＋3＋2＝6）と、十の位から一桁おきにとった数の和（2＋3＋1＝6）の差（6－6＝0）は0となります。0は11の倍数です。したがって「123321」は11の倍数だと判定できます。

偶数桁の回文数については、「一の位から

一桁おきにとった数の和」と「十の位から一桁おきにとった数の和」は同じ数になります。ですから、その差は必ず「0」となります。

このことから、偶数桁の回文数は、すべて11の倍数であることがわかるのです。

つまり、「11以外の回文素数は、すべて奇数桁からなる」ということです。

ちなみに、回文素数が無限に存在するかどうかは現在のところわかっていません。

## 回文素数ピラミッド

ここで、面白い回文素数を紹介しましょう。ホネカーによって発見された「回文素数ピラミッド」です。

左右対称の数でつくられた、素数のピラミッド。数の神秘性と壮大さを兼ね備えています。見れば見るほど、実にうまくできたピラミッドですね。

本物のピラミッドに勝るとも劣らない、完璧な美しさを持つフォルムだと思いませんか。

## ◆回文素数ピラミッド

2
30203
133020331
1713302033171
12171330203317121
151217133020331712151
1815121713302033171215181
16181512171330203317121518161
331618151217133020331712151816133
9333161815121713302033171215181613339
11933316181512171330203317121518161333911

# 幸運の確率は六分四分！

## 人生の本当の確率

「人生五分五分」とよくいわれます。

人生トータルで見たら、「良いことと悪いことの結果は半々になる」ということです。「本当にそうなのだろうか」と考えると、十人十色の人生、十人十色の答えが返ってくるようにも思えます。

さて、ある数学問題を考えることで、人生の本当の確率は「そうとは限らない」ということを示せます。それが「出会いの問題」です。

一七〇八年に、フランスのピエール・モンモール（一六七八〜一七一九）によって提出されました。

AさんとBさんの二人が、トランプのカードをエースからキングまで一三枚ずつ持って、一枚ずつ机の上に出しながら次々に「カード合わせ」を行います。同じ数のカードが一緒に出れば「出会い」が起きたことになります。

それでは、一三枚を出し尽くした時、「出会いが一度も起こらない確率」はいくつでしょうか。

また一般にカードの枚数を「$n$枚」にしたら確率はどうなるでしょうか。

## オイラーによる解答

一七四〇年頃に、スイスの数学者レオンハルト・オイラー（一七〇七〜一七八三）がこの問題を解くことに成功しました。

約三七％の確率で「出会いは一度も起こらない」という答えが出たのです。トランプのカードの枚数$n$を増やしても「$n$」の値に関係なく、約三七％であるという驚くべき結論でした。

これはAさんのカード「1」にはBさんの「1」以外のカードが対応し、Aさんのカード「2」にはBさんの「2」以外のカードが対応するというように、すべてばらばらに対応する順列の数を求めることに帰着します。

例えば三枚の場合は、Aさんの（1、2、3）に対して、Bさんは（2、3、1）、（3、1、2）であればいいということです。


つまり、Bさんの三枚のカードの並べ方は全部で六通りあるので、出会いが一度も起こらない確率は「2/6＝1/3」となり約三三％となります。

これが一三枚になると約三七％になり、一三〇枚に増やしたとしても、約三七％。つまり、ほとんど変わらないということです。

出会いが一回も起こらない場合の反対は、「少なくとも一回は出会いがある場合」です。「少なくとも一回は出会いがある場合」とは、一回だけの出会いから一三回すべて出会うまでが含まれています。その確率は「1－約0・37＝約0・63」、すなわち「約六三％」ということになります。

## 男女の出会いの確率は？

この確率が、なぜ人生に関わることになるのでしょうか。

それはまさに「人と人の出会い」を考えることに他ならないからです。

人生はすべて何らかの出会いの連続です。なかでも人生のパートナーを見つける男女の出会いは重要です。そこに「出会いの問題」を当てはめてみましょう。

私たちは誰か見知らぬ異性と出会った時に、その人と「お付き合い」をしてもいいかどうか判断することになります。

そこには、いくつかのチェックポイントがあると考えられます。

例えば、一．身長、二．年収、三．顔の好き嫌い、四．趣味、五．食べ物の好き嫌い、などなど。

さらに結婚のことを考えると、もっと多くのチェックポイントが出てくることになります。これらチェックポイントを決めたとして、すべてが合わなければその相手とは付き合わない、あるいは少なくとも一つのチェックポイントでも合えばお付き合いをしてもいい、と考えることができるでしょう。

すると、オイラーの結論は次のように適用されます。

出会った人の中で、「まったくチェックポイントが合わない人」に出会う確率は約三七％。「少なくとも一つのチェックポイントが合う人」に出会う確率は約六三％ということです。

そして、これが大切なことですが、「チェックポイントをどんなに多くしてもこの確率はほとんど変わらない」ということです。

つまり、一〇人の異性とお見合いをした場合には、約六人とは付き合ってもいいということになります。たとえ、あなたにどんなに厳しいチェックポイントが、どんなにたくさんあっても……です。

どうですか、思い当たる節はありませんか。私は、電気製品を選ぶ場合には商品カタログをたくさん集めて自分のチェックポイントを一番満たすものを選ぼうと意気込みます。しかし、最後まで選びきれず、結局最初にいいと思った商品に決めてしまうことがよくあり、時間をかけた品定めは何だったのかと落胆したりします。

それに対して女性の買い物は、時に男性からは衝動買いに思えてしまうようなパッと選んでしまう買い方をします。しかも買い物を後悔することが少ないようです。

女性はどうしてあんなにすぐに決めることができるのだろうかと疑問に思っていたのですが、オイラーの計算結果を見て、私は大きなヒントをもらったような気がします。

女性は、物を選ぶ際に、そんなに多くのチェックポイントが必要ないことを、そしてどうしても譲れないチェックポイントが何かを経験でわかっているのかもしれません。というのも、チェックポイントが三つあったとしても、すべて合わないのは「約三三％」。チェックポイントが増えていっても、確率は「約三七％」までにしかならないのですから。

## 人生は幸運と出会うようにできている

男女の出会いや買い物に限らず、私たちは目の前に出会ったものに対して「選ぶ」ということをしています。それらすべてにこの「約六三％」が適用されるとしたならば、

「人生、捨てたものではない」ということになるのではないでしょうか。

神様は誰に対しても「五分以上」の素敵な出会いを与えてくれているのです。これぞまさしく天の恵みかもしれません。

ちなみにこの確率は、神様といえども触ることはできません。オイラーが計算してはじき出した、出会いが一度も起こらない確率は$n$を無限大にすると「1/e＝1/2.718…＝0・367…＝約37％に収束する」と求められました。

この「ネイピア数e（＝2・718…）」こそ、オイラーが発見者なのです。ですからオイラー（euler）の名前の頭文字をとって「e」とよばれています。

微分積分をうまく説明する、重要な定数がネイピア数「e」ですが、チェックポイントの少なくとも一つが合うという確率「1－1/e＝1－0・367…＝約63％」のほうが、私たちにとってはよほど身近な存在といえます。

人生五分五分はこれまで。

幸運の確率は約六三％だったのです。

これからは「人生六分四分」と思って生きていくのもいいと思いませんか。

# おわりに

数学とは何か。

数学は、受験や試験のためだけに存在していないことはあきらかです。にもかかわらず、学校で習う数学は受験や試験のためだけの数学となっています。

もちろん、ここに受験を悪者扱いしようとする意図はまったくありません。むしろその逆で、受験のための数学を行いながらも、本来の数学世界のありようを学校で学ぶことが大切であるということです。

数学は人とともにあります。その「人」とは人類、社会、そしてあなたという個人にわけることができます。人類は文明という大河の流れの中で数学をつくりだしてきました。そして、数学はその地域ごとに独自の進化を辿ってきました。わが国では江戸時代に盛んになった数学「和算」がその例です。世界にもまれに見る、江戸の人たちの数学を愛した様子には驚かされます。

まさにこの時、日本は数学大国になりました。以来、その伝統は受け継がれ今日も日本の数学は世界をリードし、ものづくり大国の底流を支えるものとなっています。

数学という壮大な物語は、人類共通の言語になりうるものです。世界中にある多種多様な言語の中で、唯一のユニバーサル・ランゲージこそ数学です。それでは、なぜ数学が普遍的（universal）なのでしょうか。概念は私たちが頭の中で考え出したものですから、思考の中に存在しています。同じ思考の中にある「色」はまさしく十人十色であって、皆が同じかどうかその判定は容易ではありません。

ところが、数と形は全員が同じものを考えているのです。1という数、点という形は誰にとっても同じであることが確かめられます。数や形が他人同士で比較可能であることは驚異的なことといえるのです。このおかげで数学は普遍的な言葉となり得るのです。つまり、本当の数学は私たちの中にあるということです。

数学は巨大長編かつ難解な物語になったおかげで敷居が高くなったかのようなイメージを持たれてしまっています。そうではないことをわかってもらうために、そして文系の方にも楽しんでいただけるように、本シリーズは数学に関する物語の中でもとっておきの話題を吟味しています。

そしてもう一つの大きな特徴は、その物語が短編にしてあることです。ですから、一つ一つの物語はどこから読んでいただいても大丈夫です。本書を手にした読者が、偶然開いたところからすぐに読み始めることができ、かつ面白いと思っていただけるようにつくりました。

かつて、江戸時代の人々は老若男女を問わず、日本中でそれぞれに数学を楽しんでいました。「面白くて眠れなくなる数学」シリーズが、現代において老若男女を問わず日本中で読まれていることは筆者にとってこの上ない喜びです。

サイエンスナビゲーターはこれからも数学を語り続けていきます。わが国がさらなる数学大国になるために――。

二〇一四年二月二十一日

桜井進

# 参考文献


『記号論理入門』（前原昭二著　日本評論社）

『数学英語ワークブック』（マーシャ・ベンスッサン他著　丸善）

『数学版　これを英語で言えますか？』（保江邦夫著　講談社）

『人に教えたくなる数学』（根上生也著　ソフトバンククリエイティブ）

『雪月花の数学』（桜井進著　祥伝社黄金文庫）

『集合・位相・測度』（志賀浩二著　朝倉書店）

『無限の天才―夭逝の数学者・ラマヌジャン』（ロバート・カニーゲル著　工作舎）

*David Eugene Smith, A SOURCE BOOK IN MATHEMATICS,* Dover Publications

『岩波数学辞典（第四版）』（日本数学会編集　岩波書店）

『岩波　数学入門辞典』（青本和彦他編著　岩波書店）

『オイラー入門』（W・ダンハム著　シュプリンガー・フェアラーク東京）

『数学用語と記号ものがたり』（片野善一郎著　裳華房）

『ラマヌジャン書簡集』（B・C・バーント、R・A・ランキン著　シュプリンガー・フェアラーク東京）

『和算の歴史』（平山諦著　ちくま学芸文庫）

『数学定数辞典』（スティーヴン・R・フィンチ著　一松信監訳　朝倉書店）

『広辞苑』（新村出編　岩波書店）

『ジーニアス英和大辞典』（小西友七、南出康世編集主幹　大修館書店）

『数学１００の問題　数学史を彩る発見と挑戦のドラマ』（数学セミナー編集部編　日本評論社）

『数量化革命』（アルフレッド・W・クロスビー著　小沢千重子訳　紀伊国屋書店）

『塵劫記』初版本―影印、現代文字、そして現代語訳―』（佐藤健一訳、校注　研成社）

『数学活用』（根上生也編　啓林館）

◇参考ＵＲＬ　The Prime Pages　http://www.primes.utm.edu/

# 著者略歴

桜井 進（さくらい・すすむ）

一九六八年、山形県生まれ。東京工業大学理学部数学科卒業、同大学大学院卒業。サイエンス・ナビゲーター®。

東京理科大学大学院、日本大学藝術学部、日本映画大学非常勤講師。

株式会社 sakurAi Science Factory 代表取締役。在学中から、講師として教壇に立ち、大手予備校で数学や物理を楽しく分かりやすく生徒に伝える。二〇〇〇年、日本で最初のサイエンス・ナビゲーターとして、数学の歴史や数学者の人間ドラマを通して、数学の驚きと感動を伝える講演活動をはじめる。小学生からお年寄りまで、誰でも楽しめて体験できるエキサイティング・ライブショーは見る人の世界観を変えると好評を博す。世界初の「数学エンターテイメント」は日本全国で反響を呼び、テレビ出演、新聞、雑誌などに掲載され話題になっている。

おもな著書に『面白くて眠れなくなる数学』『超・面白くて眠れなくなる数学』『超・超面白くて眠れなくなる数学』（以上、ＰＨＰエディターズ・グループ）、『感動する！数学』（ＰＨＰ研究所）、『わくわく数の世界の大冒険』（日本図書センター）等がある。

※本書は、弊社より刊行された『面白くて眠れなくなる数学』『超 面白くて眠れなくなる数学』『超・超面白くて眠れなくなる数学』『面白くて眠れなくなる数学プレミアム』の4冊より、26篇を収録したものです。


面白くて眠れなくなる数学ＢＥＳＴ

二〇一四年三月二十七日　第一版第一刷発行

著　者　桜井進
発行者　清水卓智
発行所　株式会社ＰＨＰエディターズ・グループ
〒一〇二-〇〇八二　千代田区一番町一六
☎〇三-三二三七-〇六五一
http://www.peg.co.jp/
発売元　株式会社ＰＨＰ研究所
東京本部　〒一〇二-八三三一　千代田区一番町二一
普及一部　☎〇三-三二三九-六二三三
京都本部　〒六〇一-八四一一　京都市南区西九条北ノ内町一一
ＰＨＰ　ＩＮＴＥＲＦＡＣＥ　http://www.php.co.jp/
印刷所
製本所　図書印刷株式会社





ISBN 978-4-569-81847-4